工匠精神

兰涛 / 编著

时事出版社
·北京·

图书在版编目（CIP）数据

工匠精神 / 兰涛编著 . —北京：时事出版社，2024.5

ISBN 978-7-5195-0539-4

Ⅰ.①工… Ⅱ.①兰… Ⅲ.①职业道德 – 通俗读物 Ⅳ.① B822.9-49

中国国家版本馆 CIP 数据核字（2023）第 056626 号

出 版 发 行：时事出版社
地　　　　址：北京市海淀区彰化路 138 号西荣阁 B 座 G2 层
邮　　　　编：100097
发 行 热 线：（010）88869831　88869832
传　　　　真：（010）88869875
电 子 邮 箱：shishichubanshe@sina.com
印　　　　刷：河北省三河市天润建兴印务有限公司

开本：670×960　1/16　印张：16　字数：177 千字
2024 年 5 月第 1 版　2024 年 5 月第 1 次印刷
定价：50.00 元
（如有印装质量问题，请与本社发行部联系调换）

前言

当今社会，不少人追求投资少、周期短、见效快的即时利益。企业追求的是更大的利润，人们追求的是更多的物质收益。而正是由于这种"短平快"的追求，越来越多的人忽略了对精神价值的追求，忽视甚至丧失了追求更高品质的态度和能力，以及用心钻研、勇攀高峰的执着。

无疑，这是一种非常可怕的现象。当一名员工被浮躁所传染时，他就会失去对工作的责任感和热情，对事业的执着追求，最后只能平庸地过一辈子；当一个企业变得浮躁时，它就会放弃对高品质的追求，一味地追求经济效益，进而丧失创造力和拼搏精神，逐步走向衰败和灭亡。

现在，我们比以往更需要工匠精神，更呼唤工匠精神的回归。

工匠精神，主要是指对自己的产品精雕细琢，追求完美和极致，对精品有着执着的坚持和追求，是一种精益求精的精神理念。工匠们喜欢不断雕琢自己的产品，不断改善自己的工艺，不惜花费时间精力，孜孜不倦。日复一日，年复一年，终成正果，不仅成就了自己，也推动了社会的发展。

这一点可以从瑞士制表匠的例子上一探究竟，瑞士的制表商们对每一个零件、每一道工序、每一块手表都专心地雕琢、精心地打磨。在他们眼中，只有对质量的精益求精、对制造的一丝不苟、对完美的孜孜追求，他们享受产品在双手中升华的过程，除此之外再没有其他。正是凭着这样一种工匠精神，瑞士手表成为世界上最经典、最昂贵的品牌，得以畅销全世界、美誉满天下。

在这个以空前速度更新的时代，在这个竞争日趋白热化的时代，只有把工匠精神发挥得淋漓尽致，才真正有意义、有价值，才能具有独特性、不可替代性，才能在复杂环境下立于不败之地。那么，如何将互联网和工匠精神融为一体，共同促进个人和企业的发展和进步，本书给你答案。

少一些心浮气躁，多一些全神贯注；
少一些投机取巧，多一些脚踏实地；
少一些急功近利，多一些专注持久；
少一些粗制滥造，多一些优品精品；
……

人人都可以成为工匠精神的践行者，愿你我在通往匠人的道路上相遇。

目 录
Contents

第一章
做事先做人：匠人要有信仰

1. 始终保持初学者的姿态 ... 003
2. 好工匠不会只扫门前雪 ... 006
3. 手上有规矩，心中有尺度 ... 010
4. 做永不干涸的一滴水 ... 015
5. 一盎司的忠诚胜过一磅的智慧 ... 019
6. 把诚信当成人生第一要义 ... 023
7. 做人清清白白，一身浩然正气 ... 027

第二章
不为名利遮望眼：匠人要有初心

1. 梦想还是要有的 ... 035
2. 成功的人都在做自己喜欢的事 ... 039
3. 是否有一个目标，让你愿意为此付出一生 ... 042

4. 不图名，不为利，只为把事情做好 ... 046

5. 即使最困难的时候，也请相信希望 ... 050

6. 上天往往把成功赐给那些偏执狂 ... 053

第三章
你在为谁工作：匠人要有责任

1. 像骑士一样上路，终将所向披靡 ... 059

2. 工作是为别人做的，更是为自己做的 ... 063

3. 工作不分贵贱，态度却有高低 ... 067

4. 工匠精神是一颗责任心 ... 072

5. 好好工作一定会带来下一份好工作 ... 075

6. 不感兴趣的工作，也要做好 ... 078

第四章
从新手到专家：匠人要有坚守

1. 简单的事情用心做，你就是专家 ... 085

2. 一辈子做好一件事，就是了不起 ... 088

3. 找到自己的优势才是最重要的 ... 091

4. 匠心精神就是做好每一件小事 ... 096

5. 一招鲜，吃遍天 ... 099

6. 用心做好服务，你会惊喜不断 ... 101

第五章
把细节做到完美：匠人要有追求

1. 像瑞士手表一样精准 ... 107
2. 让任何质量不好的产品面市都是一种耻辱 ... 111
3. 行走在通向完美的路上 ... 115
4. 做好每一个细节，不允许半点差错 ... 119
5. 认真，认真，再认真 ... 122
6. 比最好再好一点 ... 126
7. 不满足于尽力，要竭尽全力 ... 129
8. 请永远超过老板的期望 ... 132

第六章
沉住气方能成大器：匠人要有耐心

1. 沉下心来，技术合格也需要三年时间 ... 139
2. 凡事浅尝辄止，最终一事无成 ... 143
3. 一位工匠的成功与多人的离开 ... 145
4. 一步一个脚印地走向成功 ... 149
5. 只要不停止前进，再慢也能成功 ... 153
6. 条理分明是我们手中的一个"魔方" ... 156
7. 所谓优秀，其实都是"熬"出来的 ... 161
8. 成长永远比成功更重要 ... 164

第七章
不找借口找方法：匠人要有担当

1. 问题就是机会，价值在于解决 ... 171
2. 平庸的工匠找借口，优秀的工匠找方法 ... 175
3. 不想当大师的匠人不是一流匠人 ... 179
4. 放下"不可能"，你就真的"可能" ... 182
5. 既然别人都不愿做，那就由我来做 ... 186
6. 将竞争对手变成最好的协作者 ... 190

第八章
坚定地做自己：匠人要有定力

1. 匠人不在意质疑，只在乎专心做事 ... 195
2. 走一条少有人走的路 ... 199
3. 当你独一无二，世界会加倍奖赏你 ... 203
4. 匠人不屈服于所谓的权威 ... 207
5. 不必让人人都喜欢自己 ... 211
6. 你想做圆石头，还是方石头 ... 215

第九章
踔厉奋发勇于突破：匠人要有创新

1. 一个优秀的匠人始终走在最前方 ... 221
2. 没有你做不到，只有你想不到 ... 225
3. 灵感只是"唯手熟尔"的结果 ... 229
4. 每日三省，向着完美进发 ... 232
5. 匠人之路，永远不可能一劳永逸 ... 235
6. 任何时候都不要失去想象力 ... 239
7. 不想被革命，就得革自己的命 ... 243

第一章

做事先做人

匠人要有信仰

出众的才华和非凡的努力可以形成强大的力量，
但这种力量用向何方，必须由心性来驾控。
心性由种种原则和价值观组成，
构成人的良知，使人明事理、辨是非。
一流的匠人，人品比技术更重要。
有了一流的心性，才可能有一流的技术。
慷慨、正直、友爱、诚信、忠诚、谦逊……
这些都能有效磨炼心性，
唤醒每个人体内的一流精神。

1

始终保持初学者的姿态

你具有工匠精神吗？你想成为匠人吗？

在回答这一问题前，你得先问问自己：你够谦逊吗？

什么是谦逊？

"三人行，必有我师焉！""见贤思齐焉，见不贤而内自省也。"——这就是谦逊。

谦逊有着令人难以置信的力量，正如古语所说："地低成海，人低成王。"世间万事万物皆起于低，成之于低，通此道者能成为大智之人。更何况，古曰："满招损，谦受益。"人生无止境，事业无止境，知识无止境，向"贤"看齐，向"贤"学习，可以取"贤"之长补己之短，完善自己。

是的，任何人都没有骄傲的理由，相对于整个世界，个人的力量是渺小的。山外有山，天外有天，人外有人，谁也不可能是一个全知全能的"万事通"，谁也不能保证自己所学的知识一辈子够用，这就更需要我们始终保持初学者的姿态，用一颗谦逊的心对待别人，时刻做到见贤思齐，谦逊有礼。

如果你去过农村，见过稻田，你一定会发现这样一个现象：那些越是成熟的、饱满的稻穗越是"弯着腰"，而那些不够饱满的、尚未成熟的稻子则直挺挺地站立着。一个有工匠精神的人，肯定懂得谦逊是一种美德，不能骄傲。越是那些有见识、有思想的优秀员工，就越懂得这个道理。

德国青年罗纳尔松硕士毕业时，他的父亲已经是德国很有名气的电器商人了。罗纳尔松是一个很有才干的年轻人，但父亲并没有直接给他安排工作，而是让他到一家名不见经传的小厂上班，并说："到了工厂，千万别摆什么架子，要谦恭地对待周围的每一个人，如果你不想成为孤家寡人的话。"

罗纳尔松没有忘记父亲的谆谆教诲，他没有向众人显摆自己的家世，而是以一个初学者的姿态默默从最底层的零件打磨、组装做起，他非常谦和地对待每一个同事，遇到什么问题都虚心地向工人们请教，就连看门的老头也成了他业余闲聊的伙伴。久而久之，工人们有什么问题总是喜欢和他共同探讨，罗纳尔松因此受益匪浅。

这样没过几年，罗纳尔松便对电器行业的人事、产品及其流通、销售等情况了如指掌，再加上广大员工对他的热情拥戴，他的父亲终于决定将公司的经营权移交给他。之后，罗纳尔松凭借工作经验和员工们的鼎力支持，不到三个月就让公司上了一个新台阶，并成为了德国电器行业举足轻重的人物。

一个人的体验是有限的，重要的是应通过向多数人学习，受到多数人的影响，获得多方面的体验。大凡成功的工匠都具有很强的学习能力，而一个成功的工匠往往不是一开始即具备非凡能力的，而是不断谦逊地向他人学习，吸取别人的长处，在学习过程中一步步完善和发展自身才能的。

要做到谦逊，并不需要惊人的异举，一言一行就是谦逊的最好诠释。为此，你的话语要以缓和的语气开始，不要炫耀自己，不要与人针锋相对。以下是一些缓和语气的句子，将很好地凸显你的谦和，使你受益匪浅：

"我的看法与你相同，但是……"

"你的论点很好，是否介意我提一个问题……"

贝罗尼是法国著名画家，一年夏天他到瑞士度假，但他每天仍然背着画夹到各地去写生。有一天，他在日内瓦湖边用心画画，来了三位英国女游客，看了他的画，便在一旁指手画脚，一个说这儿不好，一个说那儿不对，贝罗尼都一一修改过来，末了还微笑着跟她们说了声"谢谢"。

第二天，贝罗尼有事到另一个地方去，恰巧又碰到昨天那三位女游客，她们正交头接耳不知在讨论些什么。看到贝罗尼正朝这边走来，她们便上前问道："这位先生，虽然你画画的水平比贝罗尼差多了，但我们还是想请教你一下，你知道贝罗尼吗？我们听说他正在这儿度假，请问你知道他在什么地方吗？"

贝罗尼朝她们微微弯腰，回答说："不敢当，我就是贝罗尼。"

三位英国游客大吃一惊，想起昨天的不礼貌，一个个红着脸跑掉了。

始终保持初学者的姿态，学着见贤而思齐吧。如此，你会将自我打造得越来越优秀，到时候无论你走到哪里，都能引来成功的青睐和追随。

2 好工匠不会只扫门前雪

也许你学识渊博,也许你能言善辩,也许你谈吐文雅,可是仅仅拥有这些还不够,你不一定是真正具有工匠精神的人,也不一定会成为价值型的员工。你还得有博大的爱,爱是我们行走于世间的完美人格,也是成就自我的重要素质。

我们常说一句话:君子成人之美,意思是"君子"是有很高德性的人,这样的人以慈悲为怀,主动给予他人以无私的帮助,促其成事。成人之美,换成现在的话就是要"助人为乐",这是做人的道德,亦是做人的修养。只为自己着想,从不考虑别人,是一个无情无知的人,最终只会害人害己。

有本杂志曾刊登过这样一个哲理故事:

在铸造车间,有一个特殊的工种叫浇注工。浇注工要时时穿上厚重的工作服,戴上安全帽和手套。即便是酷热的夏天,也必须把自己包裹起来,因为熔化的铁水通常在1500℃以上,这么高的温度,稍有不慎,就会酿成工伤惨剧。浇注工要干的工作,就是把熔炼好的铁水盛到铁包里,然后由两人抬着,浇注到砂型工提前建好的型腔里。铁包一般有水桶大小,上面有两根钢筋,就像是担架。两个人一前一后，用四只手抬着控制，需要默契配合，速度和方位都必须一致。一旦抬起来再热再累，也必须得坚持住。即使忍不住也得给工友一个信号，待确定后，再同时平稳放下。

不幸的是，有这么两个实习生抬铁水，刚抬起走了几步，其中的一个承受不了，居然撒手拔腿就跑！结果铁水倾泻而出，导致烧伤事故。那么，两人谁的烧伤更严重些？令人没有想到的是，反而是撒手的那个人，他先松手，铁水必然是向他倾斜的。后来，"谁撒手，惩罚谁"成了每个浇注工牢记的铁训。

因为一己之私而轻易撒手，只会导致自身伤痕累累。相反，如果我们能够设身处地地为别人着想，奉献一己之能，助人为乐，为别人提供方便，那么别人也会对我们慷慨大方，设身处地地为我们着想，当我们遇到难处的时候，别人也会为我们提供方便，进而也使彼此成就了对方。

我们都听过《盲人挑灯》的故事：盲人在漆黑的夜晚挑一盏灯笼，不仅可以照亮别人的道路，更可以避免被别人撞倒。这就是真正的共享，互惠互利。在职场上，团队成员之间又何尝不是如此呢？当我们与其他人分享资源和利益时，当我们为别人着想时，获利的可能恰恰是自己。

胡滨在所在单位的行政部做人力专员，劳资处的人有文件需要整理时，经常找行政部的人做。因为这是额外的免费服务，久而久之，行政部的同事们都是能躲就躲，只有胡滨通常是忙完了自己的工作，又伸出援手去做他们的"义工"，差不多做了一年。大家七嘴八舌，纷纷说胡滨太傻了。

一次，有人好奇地问胡滨："你又不是他们部门的人，不吃他们的饭，他们连一毛钱的好处也不给，你为什么那么傻做亏本的事情呢？！"

胡滨笑了："我不是没有想过这个问题，但是我刚上班时我父亲就曾告诉我，运气和机会都是你用双手干出来的，哪个单位都不可能白养你，自己多吃点亏，人家才有可能发现你的好。虽然同事们把任务交给我，我要加班受累，但如果我抗议抱怨的话，大家也许就会把这些事分给别人。那么同样地，经验的积累，同事们对你的好感度，可能的升职机会，也就同样分给了别人。"

胡滨因做"业余秘书"学会了公文写作，因为公文，他开始对写作感兴趣，并将自己的一篇作品寄给了一家仰慕已久的刊物。三个月后他的"处女作"发表了，他收到了那本杂志，还有几百块钱稿酬。一年后，想不到的惊喜接踵而来。单位投票选举十佳青年，为了"回报"胡滨的付出，劳资处的投票几乎都给了他，其他同事也敬佩胡滨的大气，当然也乐意投他的票。最终，胡滨光荣入选。

你看，当我们主动善意地对待别人，尽最大的力量去帮助需要帮助的人的时候，我们不但可以得到别人的回馈，而且还有可能得到意想不到的惊喜，如愉快的心情、良好的人际关系、幸福的人生。这不是收获更多吗？那么，我们主动对别人付出一点、牺牲一点，又算得了什么呢？

一个人的能力是有限的，好工匠不会"自扫门前雪"。如今很多工作分工明晰、责任明确，不仅仅是靠一个人的能力就能完成的，还需要其他同事的帮助协作，这就需要一种利人利己的双赢观念，以善意、豁达的品格为基础，以乐于助人的行动赢得同事的好感和支持，这才是职场人应该具备的品质。

　　爱人就是爱己，利人就是利己，助人就是助己，方便别人就是方便自己。互利和双赢应该是我们工作中要牢记的最高准则和追求目标，当你做到了这一点，你会发现，你的工作和生活都将轻松自如、如鱼得水。这样的大气是任何人都喜欢和支持的，你就不愁没有发展和壮大自己的机会。

3 手上有规矩，心中有尺度

有一个刚入伍的新兵，初入军营什么都不习惯：不习惯天天穿着笔挺的军装、不习惯每天早起晨练、不习惯部队清淡的饮食、不习惯晚上十点的熄灯号……总之，他不喜欢也不适应军队这些严格的纪律。他是独生子，从小自由散漫惯了，但是如果他不遵守纪律，就会受到军法处分，甚至会被部队开除。

面对这样严厉的纪律，新兵感觉很苦恼，于是他问一名老兵："你们是怎么做到的？"

老兵的答案只有一个字："忍！"

新兵嫌老兵答得太笼统，于是追问道："除了忍，还有什么？"

老兵回答："服从，绝对服从……"

这个新兵按照老兵的指示，要求自己除了忍受，就是服从，服从所有这些严格而有节奏的纪律生活，不久竟然也能做到了。再往后，纪律成了深入他骨子里的、潜意识里的东西，最终习惯成了自然。

一支富有战斗力的军队，必定有铁一般的纪律；一名合格的士兵，一定具有强烈的纪律观念。军队中的第一课永远都是教会士兵们，让他们知道什么是服从。这并不奇怪，因为士兵并不是只要学会了战斗技能就可以上战场的，不懂得服从的士兵，什么都不是。要知道，没有服从力的军队永远只是一盘散沙，再精妙的战术也无从施展，再精良的武器也得不到有效的使用。

职场也是一样，对于公司而言，纪律是最重要的事情，是其维护正常工作秩序，确保有效开展工作的基本前提。这就要求团队中每一个成员都严格遵守公司的各项纪律要求，比如，要做到按时上下班、工作流程按照工作行为准则去做、保质保量地完成任务、不做违反职业道德的事情，等等。

没有规矩，不成方圆。

老蒋是北京一家科技公司的管理者，他发现员工在开会期间，经常有接电话的现象。为了保证开会质量，他和几位高层领导定下一个规矩：开会期间，不许接听电话、发短信，禁止手机发出声响。这一制度出台之后，老蒋发现只有当他参加会议时，大家才乖乖地关闭手机或调到静音。一旦他不参加会议，有些管理者依旧接听电话，一边拿着电话，一边说："对不起，我这个电话比较重要，是一个大客户。"对此，老蒋再次召开会议，并提来一桶水放在会议室说："从今天开始，谁再在会议上接听电话、发短信，手机发出声响，一律将其手机扔进这桶水里。"

事情也真凑巧，当老蒋说完这句话，一位管理者的电话居然响了！老蒋走过去，什么话也不说，夺过对方的手机就扔进那桶水里。紧接着，又有一个管理者的手机响了，也被老蒋夺过去扔进那桶水中。老蒋的这一举动，让在场的所有管理者都傻掉了。从那以后，开会的时候大家都很自觉地把手机调成静音，有些人甚至直接关机，会议上再也没有发生手机干扰事件，开会质量迅速得到了保障。

当你看完这个案例，是否认为老蒋的做法有些太过严厉：不就是开会打了个电话吗，有必要做得如此"绝情"吗？但换个角度想一下，如果他因为原谅或同情，对一两个会议上接电话的人"法外施恩"，坏了规矩，那又如何去靠规矩制约、管理其他人呢？相信会有更多的人有令不行、有章不循，按个人意愿行事，那么会议质量如何得以保障，一个公司又谈何立足和发展呢？

从人的本性上来说，任何人都不喜欢被纪律约束，人们更多的是对自由的渴望，对无拘无束的生活的向往。但在优秀匠人的理念里，纪律是为维护正常秩序而定的，自由是要在纪律规定的范围内实行的，没有纪律约束的自由不是真正的自由。人们具有强烈的纪律意识，便能在工作中自觉地去遵纪守法，按规矩办事，如此很多事情就会变得相对容易，包括创造业绩、自我实现等。

在很多人眼里，田歌的运气特别好，她的晋升之路可以说是一帆风顺，甚至成为了公司里的一个传奇人物。

田歌大学时的专业是会计，而她初进公司的职务则是人事部文员。她学历一般，能力也说不上如何出类拔萃，但她在进入公司短短的两年时间里，在每一个部门都做得数一数二，每一次调动都令人刮目相看。关于田歌的升迁，有各种各样的说法，大致上有一个共同点就是，大家觉得是好运气眷顾了她，给了她得天独厚的机会，否则她凭什么从人事部文员到营销部经理，一路绿灯、一路凯歌呢？只有田歌自己清楚机会是怎么得来的。

　　加入这家大公司的时候，会计专业毕业原本打算去财务部的田歌被分到了人事部做一个不起眼的文员。那个部门里能言善道、八面玲珑、深谙权术的人比比皆是，跟他们相比，田歌甚至连菜鸟都算不上。但是在加入人事部之后，她不惹是非，只是恪尽职守，领导让她做什么，她总是竭尽所能，总是在第一时间把工作做得让人无可挑剔。当别人趁着老板不在扎堆抱怨工作百无聊赖、老板苛刻，甚至故意拖延工作的时候，她却在悄悄熟悉公司的各个部门、产品以及主要客户的情况，以求能够用最少的时间来摆脱扣在自己头上的那顶名叫"新人"的大帽子。

　　有一次，人事部经理出差了，营销部经理偶然经过田歌的办公室，看到工作时间里大家都在三三两两聊天，只有田歌在认真地埋头工作，敏锐地感受到了她的敬业精神。对此，田歌解释说："身在职场的我们必须要记住，领导不在公司，决不能成为你偷懒松懈的理由。恰恰相反，越是没有领导监督的时候，我们越是应该加强责任心，越是需要严格自律、忠于职守。"之后，营销部经理征求了田歌的个人意见后，就向上级打报告要求田歌去顶他们部门的一个空缺。

　　摆脱人事部加入营销部令田歌的世界骤然开阔起来，同原先一样，她的特色就是默默地努力。半年后，田歌的几份扎实的调查分析报告，为她赢得了一片喝彩。一年后，她已经是营销部公认的举足轻重的人物了，她在会议上气定神闲、无懈可击的发言为她赢得了营销部经理的职位。原来人事部的同事大跌眼镜，纷纷感叹田歌真是运气好，却不知一个遵纪律、守规矩、埋头苦干的人到哪里都受欢迎。

回过头来问问自己，你漠视纪律和规则多久了呢？

要明白，要想像匠人一样更好地自我实现，成为价值型员工，你就绝对不能轻视纪律的力量，要严格要求自己，按照社会、企业的各项规定做事，依此逐步规范自己的行为，并将之变成一种自觉的行为习惯，如此你便能"随心所欲不逾矩"，充分发挥自己的才能，在激烈的竞争中稳居一席之地。

4

做永不干涸的一滴水

怎样使一滴水永不干涸？

答案是，将这滴水融入大海。

个人的力量是有限的，只有团队力量才是巨大的。一个有着高效执行力的团队整体战斗力是十分强大的。一个有匠心精神的员工，不会只依靠自己的力量，一个人傻干蛮干，而是会聪明地融入团队，让更多的人帮助自己成功，这是一种高超的职场智慧，也是提升个人价值的必然要求。

苹果公司创始人史蒂夫·乔布斯22岁就开始创业，从白手起家，赤手空拳打天下，到拥有两亿多美元的财富，他仅仅用了四年时间。

1983年，面对IBM咄咄逼人的攻势，苹果公司的市场份额迅速缩水，乔布斯认为公司缺乏一个真正有实力的深谙管理和营销的领导者。他力排众议，相中了时任百事公司首席执行官且根本不懂计算机的斯高利。当时乔布斯对斯高利说的一句话，改变了后者的命运："你想一辈子卖糖水，还是想改变世界？"

但是斯高利来了，乔布斯却被赶走了。为什么呢？

原来乔布斯年少有为，没有失败过，也因此养成了唯我独尊的习惯，在公司总是独来独往，游离于这个战斗集体之外，当团队其他成员与他在工作上不能达成一致意见、产生分歧的时候，他不是想着去沟通，而是粗暴地制止，不允许任何人对自己有异议。乔布斯的个人至上主义严重地伤害了他人的感情，破坏了团队精神，因此导致团队内部出现了分裂，整个团队很涣散，导致了一次次市场的失利。

在后来的一次董事会上，斯高利公开了对乔布斯的不满，指出他过于特立独行，不善团结，且有理有据。董事会必须在他们之间决定取舍，最后他们选择了善于团结员工、和员工拧成一股绳的斯高利，而乔布斯则被解除了全部的领导权，只保留董事长一职。后来，乔布斯甚至直接辞职，彻底跟苹果说拜拜了。

乔布斯因为不能融入团队而吃尽了苦头，不过后来他终于明白了这些，改正了自己的缺点。在苹果公司危难之际，他又临危受命，之后他紧紧地和公司上下员工打成一片，"我们所从事的这些重要工作中没有一项是可以由一两个人或三四个人完成的，为此我必须找到杰出的人。在招到人才后，我要营造一种团队氛围，让人们感到他们周围都围绕着跟他一样有才能的人"。这就是苹果著名的"梦之队"，最终乔布斯的"梦之队"力挽狂澜，拯救了苹果，并再创新的辉煌。

如果我们在工作中不懂得融入团队，不仅会影响团队的工作，也不利于自己的成长。一个人就像一滴水，很容易被干旱征服，一滴水只有把自己融入团队这个大海之中才能够拥有长久的生命力，才能够抵御风险，战胜困难。一个人要想成为价值型的员工，就要主动积极地融入团队，充分展示自我价值。

就算个人能力再强大、再出众，一个具有工匠精神的员工也不会单打独斗，而是非常注重整个团队的团结，通过与别人的配合和协作，展现出自己卓越的能力，实现集体的胜出，凸显个人的能力，进而最终成就自己。从"能干的人"到"团队伙伴"，这是价值型员工的一个体现。

例如，索尼公司的副总裁井深大的成功。

井深大大学毕业后进入了索尼公司，并有幸获得了索尼老板盛田昭夫的重用，他被安排在一个重要的岗位上，全权负责新产品的研发。虽然井深大对自己的能力充满信心，很愿意担当此重任，但他有些犹豫，毕竟研发工作绝不是靠一个人的力量就能做好的，需要多个部门很多同事的密切配合才行。

看到井深大的犹豫，盛田昭夫说了一句话："我知道单靠你一个人来研发新产品是不现实的，不过我们有一个成熟而和谐的团队，这是我们的优势。尽管大家都是初次接触这个领域，但是如果你能充分地融入进来，和同事们好好配合，把众人的智慧联合起来，还有什么困难不能战胜呢？"

井深大一下子豁然开朗："对呀，我怎么光想到自己？为什么不和他们合作呢？"

随后，井深大找到销售部的同事，请教公司产品销路不畅的原因。同事告诉他："我们的磁带录音机之所以不好销，一是太笨重，二是价钱太贵。您能不能在轻便和低廉方面多加考虑？"井深大点头称是。紧接着，井深大又来到技术部，同事告诉他："目前美国已采用晶体管生产技术，不仅大大降低了成本，而且非常轻便。我们建议您在这方面多下功夫。"听到这里，井深大大喜。在研制过程中，井深大又和生产第一线的工人团结起来，精诚合作，共同攻克了一道道技术难关。

1954年，井深大试制出的日本最早的晶体管收音机一举成名，索尼企业由此迈进了新纪元，而井深大本人也被任命为索尼公司的副总裁。

人心齐，泰山移。这就是团队的力量，这就是团结的力量。一般来说，人们的正常思维逻辑是"1+1=2"，或者充其量认为"1+1＞2"，而团队合作导向成功的思维逻辑为"1+1=11"，也就是说当团队成员取长补短、团结协作的时候，会促使整个团队向着更远的方向前进，实现个人和企业的共同发展。

任何成功都是团队共同努力的结果，对此，美国微软公司前董事长比尔·盖茨说：在社会上做事情，如果只是单枪匹马地战斗，不靠集体或团队的力量，是不可能获得真正成功的。这毕竟是一个竞争的时代，如果我们懂得用大家的能力和知识的汇合来面对任何一项工作，我们将无往不胜。

5
一盎司的忠诚胜过一磅的智慧

做企业的人都知道，现代企业之间的竞争是人才的竞争。那么问题来了，什么样的人才是真正的人才呢？所谓人才，应该是手中持有高学历、高技术含量的人吗？未必。哪怕一个人有多么非凡的能力，多么的才华横溢，只要他没有忠诚，就会失去公司最根本的信任，也难以有所作为。

忠诚第一，能力第二，这是当前诸多公司选人用人的一条重要衡量标准。试想，假如你是老板，面对一个能力超强，却对工作朝三暮四、视忠诚为无物的员工和一个能力平平、忠诚度高的员工，你会雇佣谁，或者说你会给谁更多的发展和晋升的机会呢？相信大多数人会选择后者的。

为什么忠诚如此重要呢？这是因为，能力大小给公司带来的区别无非是业绩的不同，但是忠诚与否，却关系着公司兴亡的命脉。一个不忠诚的员工总是紧盯着自己的利益，生怕损失一丝一毫，更有甚者会为了谋取私利而不惜出卖公司，这样的人有哪个公司敢用呢？何况有能力的员工如果不忠诚，会比平庸者给公司造成的损失更大。

改变一个人的忠诚度十分困难，而能力是可以通过培养提升的。忠诚是什么？体现在工作上，这就是一种对工作的责任心和使命感。能力永远需要忠诚来推动，需要责任来承载，对工作的忠诚和担当不仅可以让我们获得更多锻炼自己的机会，让我们的个人能力得到不断强化和提升，还可以让我们有能力在工作中做得比他人更完美，得到更多的成功机会，从而实现自己的人生价值。

这正印证了"一盎司的忠诚胜过一磅的智慧"这句话，意思是说如果你对公司是忠诚的，那么你的一分忠诚就相当于你工作中所表现出来的16分的智慧，足见忠诚的宝贵价值。因此，公司宁愿信任一个能力一般，但忠诚度高的人，也不愿重用一个朝三暮四、视忠诚为无物的人，哪怕他能力非凡。

一名公司经理要出远门洽谈业务，出发之前，他把公司里的大小事情交给了手下的两名员工，并各自给了他们一万元，嘱咐他们完全可以按照自己的方法保管、使用这些钱，余钱归己。

一个月后，经理回来了，两名员工上报他们各自的情况。第一个员工说："我把这些钱作为高利贷借给了别人，现在我已用它赚了800元。"经理很高兴，赞赏道："聪明的员工，你很有商业头脑，这么会赚钱，以后我要交给你更多的钱，让你做更多的买卖。"

"那么，你呢？"经理问第二个员工。只见第二个员工打开包得整整齐齐的包袱，说："您交给我的一万元都在这里，一分也没有少，一分也没有多。您走以后，我把钱锁在了保险柜里，等您回来了我又取了出来。"

经理沉默了一会儿，对第二个员工说道："虽然你没有让财富增值的聪明才智，但是你把我交给你的钱保管得很好，这说明你对我很忠心，不会用我的钱做自己的事，你正是我所需要的人，我决定让你做我的财务主管。"

这个故事告诉我们，在企业里，重要的位置会交给更忠诚的员工。忠诚是职场上一个人最好的个人品牌，同时也是每名员工都应该具备的重要修养。正如李嘉诚曾经说过的一句话："做事先做人，一个人无论成就多大的事业，人品永远是第一位的，而人品的第一要素就是忠诚。"

中国的手艺人，身处各行各业，每个人性格、教育水平和兴趣各不相同。他们的手艺、看家本领往往都是跟着师父学的，一学就是半辈子，而且他们一直恪守"一日为师，终生为父"的古训，一旦磕头拜了师父，就像对待自己亲生父亲一样对待师父，这种精神就体现了一种忠诚的价值观。

因此，你要想像匠人一样有所作为，从第一天走上工作岗位起，就必须对自己的工作和公司忠诚，对老板和团队忠诚，忠诚地投入工作，将忠诚融入到自己的职责中。即使你的能力稍微差一些，老板也会认为你是一个可以重点培养的人，乐于在你身上投资，给你培训的机会，提高你的技能。

在当下社会里，忠诚是最为缺失的精神之一，很多人只忙于争抢眼前的蝇头小利，却看不见忠诚背后的丰厚回报。事实上，忠于企业就是忠于自己，维护企业的利益就是维护自己的长远利益。忠诚所能带给我们的回馈是非常丰厚的，虽然有时候这种回报不一定立竿见影。

一位战士退伍回到原籍之后，向一家公司投递了简历，应聘文秘的工作。几轮筛选过后，这位退伍军人成功进入最后角逐，只要再经历一场最后的笔试，便能顺利得到这份工作。但这场笔试的题目却让他犯难了。笔试的题目是："请写出你之前所在单位的名称、工作人员数目，以及你所负责的具体工作，并写出你能够为公司提供什么最有价值的资料。"

众所周知，军队中的一切都是机密，任何一个小细节都可能泄露情报，带来麻烦，作为一名退伍军人，保守军事机密是他义不容辞的责任。虽然这份工作待遇优渥，这名战士也深信自己绝对能够胜任，但一想到自己的责任，他便坚定地明白，即便失去这次机会，他也绝不能背叛自己的组织。于是，这位退伍军人在答卷上这样写道："我十分渴望能够加入贵公司，但作为一位退伍军人，捍卫军事机密是我义不容辞的责任，所以很抱歉，我只能交上这份空白的答卷。"

该公司的经理得知这件事情之后，当即录用了这位退伍军人。面对其他招考人员脸上的疑惑和不解，这名经理笑道："一个懂得承担责任、在诱惑面前也能保守秘密的人，同样懂得保守我们公司的商业机密。我们需要的不正是这样一名忠诚可靠的文秘吗？这样的人是值得我信任的人！"

在企业稳步发展之时，忠诚的员工可以得到老板的信赖，从而委以重任；在企业生死存亡之时，忠诚的员工可以与企业共渡难关，是企业生存的命脉……做一名忠诚的员工吧，和老板一起乘风破浪、共创辉煌，相信你会成为公司这个铁打的营盘中最长久的兵，而且是最不会遭到解雇的人。

6

把诚信当成人生第一要义

人无信不立,诚信是匠心精神的必备品行之一。

什么是诚信?诚,即真诚、诚实;信,即守承诺、讲信用。诚信就是诚实、守信。现代社会是法制社会,只有言而有信、信守承诺,公司才会聘用你、重用你,同事才敢和你交朋友、在工作上乐于和你合作,顾客才愿意信赖你、和你做生意。但凡成功者,无不是诚信之人。

摩根·约瑟夫是一个穷困潦倒的年轻人,他一直想做番大事业,经过一段时间的观察,他成为一家名叫"伊特纳火灾保险公司"的股东,因为这家公司不用马上拿出现金,只需在股东名册上签上名字就可成为股东。然而,就在约瑟夫成为股东后不久,一家在"伊特纳"投保的客户发生了自然火灾。按照保险条例的规定,"伊特纳"需要向该客户赔偿一定的损失,但这样"伊特纳"就几近破产了。

股东们一个个惊慌失措,纷纷要求退股,来回避赔偿费。约瑟夫斟酌再三,认为诚信比金钱更重要,这个时候退股是对客户的不负责任。于是,他卖掉了自己的住房,并四处筹款,低价收购了所有要求退股的股东们的股票，将赔偿金如数付给了那位已投保的客户，然后独自继续经营"伊特纳"。虽然成了"伊特纳"的所有者，但这时约瑟夫已经身无分文，公司也濒临破产了。无奈之中，约瑟夫打出了一条广告，凡是再到"伊特纳"投保的客户，保险金一律加倍收取。

很多人，包括约瑟夫自己，以为开发客户是一个非常艰难的过程。不料，客户们一个接一个地来了。原来通过偿付赔款这一事件，很多人看到，约瑟夫是一个讲信誉的人，这一点使"伊特纳"比许多有名的大保险公司更受欢迎。就这样，"伊特纳"崛起了，并成为了华尔街的主宰。

"伊特纳"公司之所以能够崛起，并成为华尔街的主宰，是因为摩根·约瑟夫言出必行，说到做到，这是比金钱更有价值的诚信。这种诚信，使他赢得了众人的信任。还有什么比别人都信任你更宝贵的呢？有多少人信任你，你就拥有多大的影响力和吸引力，也就拥有多少次成功的机会。

诚信既是如此重要，那该怎样去建立呢？

第一，与人交往要做到真诚。

与人交往要做到真诚，切不可有任何欺骗手段。内心不真诚，凭你巧言令色，终会留下一些破绽，一旦被对方看出，人家怎么还会信任你呢？相反，当你真诚地、坦率地向对方表明自己的态度或者征求对方意见，即使你拙于辞令，拙于言行，别人也能体会到你的真情实感，进而给予你理解和支持。

第二，说到做到，言而有信。

诚信，不仅是指许诺别人的事情要努力做到，无论付出的代价有多大，也要做到不失信于人，而且意味着不说假话、大话。在工作中，如果你没有十足的把握去兑现一个承诺，那么开始时就不要随便承诺。如果真的发生了棘手问题而不能兑现承诺，一定要及时地、诚恳地向对方说明实际情况，争取对方的理解。为此，许诺时要考虑可行性，要尽量委婉一些，多用"我尽力去帮忙……""我会尽心地去解决，但不一定能做好"之类的话语，给自己留下余地。

第三，重视小事上的诚信。

诚信，并不存在于惊天动地的业绩，而是要从一点一滴的小事做起。人最容易犯的错误就是忽略小节，而这有时却是很多人逐渐失去信誉的导火索。比如，你向朋友借了一笔钱，定好一个月后归还，可到了日子你没还钱，而是过了两三天才还。也许你觉得反正已经还了，不就是晚了两三天嘛，没什么的，但是这种小事却有可能让你的人品和信用在他人心里大打折扣。

把"诚信"当成人生第一要义，谨慎于自己的言语，严格要求自身行为，舍弃一份浮躁和毛躁，纳入更多稳重与谨慎。

王先生是一名座椅制造商，他雇佣了一批年轻人手工制造椅子。王先生依据每人制做出来的椅子数量，每周付一次款，但有一个条件：每一张椅子要检验合格后，工人才能获取应得的工资。王先生非常留意其中两名年轻人——小何和小汉，这两个人每周都分别造出很多优质的椅子，而且很少有不合格的情形。王先生需要找一位监工，他决定从这两人中选出一位来担任。

接下来，王先生将所有工人召集起来，并宣布为了赶工，只要椅子造好了，不必管是否通过检验，他都计件付酬。于是，椅子的产量大大地增加了，但相对的椅子的不合格率也增加了。这时，王先生特别去检验小何和小汉所做的椅子，发现小何所做的椅子品质跟往常一样的好，但小汉做的却有一半不合格。

结果可想而知，王先生选择让小何当上了监工，小何的薪水一下子翻了好几倍。

成功永远没有捷径，它在不断学习的过程中，在诚信做人的认真里，在不断努力的进取中。当一名员工具备这样的品格时，无论你能力优劣，无论职位高低，都会为大家所信赖与依靠，你迟早会成为一名优秀匠人，成就自己的威信与地位，获得更多的尊重与敬仰。不管走到哪里，总会有人欢迎你的。

做人清清白白，一身浩然正气

所谓匠人精神，其中一点即做人清清白白，一身浩然正气。

孟子曰："我善养吾浩然之气。"何谓浩然之气？用孟子的话解释大致就是正直、明辨是非，面对邪恶挺身而出的一种伟大品德。如此，内可聚集而形成大智慧，外可迸发而成就大作为，可获得众人的认可和支持。

著名京剧表演艺术家梅兰芳之所以享誉中外，不仅在于他对京剧艺术的创造性贡献，而且在于他那高尚的为人之德，特别是他那凛然不可犯的民族气节。正如一位俄罗斯艺术大师对他的评价："梅兰芳的艺术魅力之所以超越国界，一是其高深的京剧艺术造诣使然，二是他伟大的民族气节征服了人心。"

梅兰芳是卓越的戏曲家、京剧表演艺术家，是闻名世界的艺术大师。抗日战争期间，为了表达对日本侵略者的痛恨，梅兰芳编演了《抗金兵》和《生死恨》两出戏。《抗金兵》讲的是南宋女英雄梁红玉抵抗金军的故事，《生死恨》是讲在敌人的统治下，人民的痛苦生活和反抗精神。这两出表现爱国思想的新戏一上演，就受到了广大观众的喜爱，大大激发了民众的抗日热情。

听闻梅兰芳的盛名，日寇屡次派人前来拜访，希望他能上台为日军唱戏。但梅兰芳宁可没有收入，也不肯答应为日军演出。为了远避那些不时上门邀请自己为敌伪演出的说客，梅兰芳携家率团从北京搬到上海，从上海搬到香港，又从香港搬回上海，整日闭门不出，留蓄胡子，罢歌罢舞，宁可没有收入，表现出了极强的民族气节。尽管其间面临种种威胁，但梅兰芳毫不畏惧，镇定自若地说："一个人活到100岁也总是要死的，饿死就饿死，没什么大不了的！"一次，日军庆祝"大东亚圣战"一周年，又派人来让梅兰芳演出，还说如果不演，就要军法处置。梅兰芳事先得到消息，一连打了三次伤寒预防针。平时，他只要一打预防针就发烧，这次果然又高烧不止。日军军医来检查，摸了摸梅兰芳滚烫的额头，只好无奈地摇着头走了。

日寇统治下的汪伪政府将梅兰芳的存款全部冻结。断了经济来源，生活自然拮据，梅兰芳开始卖画谋生，他夜以继日画了二十多幅画，并准备举办一场画展。谁知，日伪汉奸肆意捣乱，他们派来一群便衣警察，提前进入展览大厅大做手脚，将每幅画上都用大头针别着纸条，分别写有"汪主席订购""冈村宁次长官订购""送东京展览"……梅兰芳目睹此景，气得两眼冒火，立即拿起桌上的裁纸刀，刺向一幅幅图画。"哗！哗！哗！"几分钟内图画都化为碎纸。之后，他开始挥泪出卖自己的房子，出卖自己多年收集的藏品，向亲友借钱，以勉强度日。

直到1945年日寇投降，梅兰芳才重返舞台。

"艺术家，没有了国家，没有了自己的家，一切都是虚无的。"为人一向随和的梅兰芳，在民族大义问题上，原则性很强，毫不马虎，更不苟且。这身浩然正气，生前得到人们的尊重，死后也被百姓传颂，这样的气度和情怀以及至大至刚的浩然之气，值得我们每一个人学习。

正气从道德角度反映的是多数人的道德观念，因此正义的一方必然会得到大多数人的认可和拥护，而一个人如果有了多数人的支持，自然就会更坚强、更有力量。清清白白做人，堂堂正正做事，以正义之气唤起大家的正义感和同感心，博得多数人的支持和叫好，这也是匠人需具备的操守。

当代社会充满了种种诱惑，做人要勿以恶小而为之，勿以善小而不为。只要我们能分清是非、善恶，身体力行成为正直之人，正义的天平就会倾向我们这一方。扪心自问一下，你在岗位上做到这一点了吗？例如，你是否会按照正义标准对人对事，做人做事，不伤害他人，不侵犯他人的利益？例如，面对一些人的不法行为，你是否会义正词严地劝说和制止，必要时以自己的勇敢和机智同非正义行为做斗争？

关于这一点，松下幸之助早在青少年打工时期就已经深深懂得了。

那时，年轻的松下在一家脚踏车店已工作了七年。在老板多年的教导中，他逐渐学习到了做生意的经验、做人原则以及人情世故等。就在这时发生了一件事，一位地位居于领班与学徒间的店员，居然偷拿了店里的东西出去变卖，不巧却被松下发现了。店员请求松下不要声张，放自己一马，甚至提出了可以与松下分赃的建议。

当时的松下已经有判断力了，他看不惯小偷小摸的行为，便态度坚决地说:"你偷拿店里的东西是不对的,意图拉我和你一起做坏事更是不对的。我不会与你同流合污,我一定会告诉老板的,而且请求他开除你。如果老板不开除你,那么我就辞职,因为我不愿意和做过这种事情的人一起工作。"

在松下的坚持下,老板最终把那个人开除了,后来这家脚踏车店的发展越来越好,居然成了当地的名店。日后已经成为"日本经营之神"的松下还曾感慨过这件事情:"现在回想起来,我当时的态度或许是有点过分了。但如果不是那样的话,或许我也就染上了小偷小摸的恶习,那是非常可怕的。"

人只要做一件不合正义的事,那种浩然之气就会疲软,甚至晚上连觉都没法睡好,这样自然无法彰显出气势,力量再怎么强大也难让人心悦诚服。因此我们要注意养成正义的品行习惯,滋养内心的浩然之气,将天地之气蕴含于心,在举手投足和言辞间流淌出自信和坚定的光芒。

金庸小说《射雕英雄传》中有这样一个情节:

华山论剑之前,裘千仞被瑛姑、一灯大师等人围攻,被指责滥杀无辜,而裘千仞则反驳说:"谁手上没有沾过别人的血?"结果众皆默然,唯有洪七公正气凛然地说:"我这个老叫花一生杀过二百三十一人,这二百三十一人个个都是恶徒,若非贪官污吏、土豪恶霸,就是大奸巨恶、负义薄幸之辈。老叫花贪饮贪食,可是生平从来没杀过一个好人!"这番话令裘千仞羞惭万分,欲投崖自尽,后被一灯大师救下,皈依了佛门不再涉足红尘。

比起那些你死我活的武力征服，洪七公不动一刀一枪，甚至不费吹灰之力，就为江湖铲除了一个杀人不眨眼的魔头，那番掷地有声的话语，那一身铮铮铁骨，也只有洪七公能够担当得起，因为他具备凛然的正气，内心丝毫无愧。

"正派做人""正直做事""正气立身"，这三种境界是一个递进的关系，都是滋养浩然之气的有效之方。需要注意的是，正气是由正义的经常积累所产生的，并不是一两次偶然的正义行为所能获得的。所以，浩然之气的养成并不是一朝一夕的功夫，而要靠平日的不断积累。

第二章 不为名利遮望眼

匠人要有初心

梦想是一次不计得失的大冒险，
是你想起它来心里就美，
即使一辈子为它吃苦也心甘情愿。
工匠精神就是坚持为梦想努力的精神力量，
不计成本地努力，无所畏惧地追求，
带着一股"轴"劲。
那理由如此简单，仅是"喜欢"两个字。
而事实是，我们越是如此无功利性，
就越容易梦想成真。

1

梦想还是要有的

梦想是什么？是一个人内心对人生、对自己的一种期望。更明确一点说，即我到底想要什么？我想成为什么样的人？做什么？拥有什么？追求什么？获得什么？……一个人无论从事什么工作，无论到了什么年纪，过着怎样的生活，永远都不能丧失坚持为梦想努力的精神力量。

有了梦想，也就有了追求，有了奋斗的目标；有了梦想，就有了动力。无数事实在验证着这个观点，现在的处境和状态并不打紧，关键是你内心渴望成为一个怎样的人。若是胸无大志，那你这辈子也不会有什么大成就；若是目标远大，那么你很可能会梦想成真，创造卓越的成就。

美国总统奥巴马的成功就证明了这一点。

五十多年前的一天，长着黝黑皮肤的小男孩奥巴马依偎在母亲的怀里，指着电视里慷慨陈词的马丁·路德·金说："妈妈，他是谁？"那个白皮肤的年轻女人笑着告诉孩子："他是个领袖，是一个了不起的人物。"男孩年龄还小，他不知道领袖到底是什么，但他看到电视里黑压压的一片，全是和自己一样肤色的人，有的挥舞着手臂，有的还热泪盈眶。这一切，都是因为台上那个激情四射的人，他也想成为那样的人。那位领袖不断地重复着一句话："我有一个梦想。"奥巴马也跟着说道："我有一个梦想。"

因为父母的多次离异，奥巴马有着一个被"抛弃"的不幸童年。黑色的肤色使他一度很自卑，学生时期也曾经有过沉沦，但奥巴马从未忘记幼年时的那一幕，"我要做一个成功领袖"。为了实现这一梦想，他把父亲想象成非洲王子，他也要配得上这样的父亲。凭借好强的个性和不断的努力，他从一个成绩平平的一般学生变成了一个出色的优等生，并顺利地考上了一所大学。大学毕业后，奥巴马到芝加哥的一个穷人社区做起了社区工作者。虽然年薪只有1.3万美元，但奥巴马经常想象自己就是一名正式的政府员工。正是这种积极的强大动力，推动他不懈奋斗，将社区工作做得非常好，获得一致好评。

为了更顺利地从政，奥巴马报考了哈佛大学的法学院，攻读法学博士学位，最终雄心勃勃地进军总统宝座。最后的结果我们都知道，47岁的他成功地到达了权力的巅峰。提及自己的成功，奥巴马这样解释道："我的成功并不复杂，我就是给自己设立了一个'我要做一个成功领袖'的梦想。这个梦想对于很多人来说很遥远，于我同样如此，但却使我发现自己有了一种从来没有过的自信，激励着我不停地奔向成功。"

为什么奥巴马没有堕落？为什么他能健康成长，最终做出一番卓越成就？这就是梦想的激励作用，这就是梦想所蕴含的力量。

在这个世界上，没有什么人比一个决心达到梦想的人更有力量。不过，任何一个梦想都不是随随便便就能实现的。我们不仅要用汗水和心血浇灌它，而且还要为之奋斗与拼搏。因为在实现梦想的道路中，会遇到无数的挫折和困难，但命运的多舛不是放弃的理由，步履的艰难不是退缩的借口，摆脱阻碍前进的种种事物，战胜眼前的困难和艰辛，这才算是真正的梦想家和胜利者。

有一个女孩很小的时候就拥有一个梦想：成为一名出色的滑雪运动员。然而，她不幸患了骨癌。为了保住生命，她被迫锯掉了右脚。可是，噩运之神仍不断盯着她、开她玩笑，癌症蔓延，她先后又失去了头发、乳房和子宫。一而再、再而三的厄运降临她的头上，她哭泣过、悲伤过，但从未放弃过心中的梦想。她一直在告诫自己："轻言放弃梦想，就是失败，我要对自己的生命负责。"

单脚滑雪并不是件容易的事，必须训练很好的平衡感。有一次在快速滑下山坡时，尽管她努力维持身体的平衡，可还是滑倒了，脚上的滑雪板被甩掉在七八十米外的山坡上；而装有小滑板来帮助平衡的两支雪杖也摔成了碎片，手套、风镜、帽子和假发，亦掉落四处。但疼痛的折磨和失败的打击都没有将她击倒，她以顽强的斗志和无比的勇气从地上一次次地爬了起来，仍然勤练滑雪。

功夫不负有心人，几年后她凭借着不懈的努力完全克服了滑雪的障碍，先后获得美国国家残障滑雪赛的19面金牌、世界残障滑雪赛的10面金牌、1988年加拿大卡尔加里冬奥会女子残障滑雪障碍赛冠军，也一圆她荣获"奥林匹克金牌"的美梦。她就是美国运动史上极具传奇色彩的著名滑雪运动员——戴安娜·高登。

戴安娜·高登的人生故事给了我们许多感动和鼓舞，更给了我们深沉的思索和启迪：那些真正拥有匠心精神的人，不仅不拒绝梦想实现途中的坎坷，还会将之视为实现梦想的基石。正如美国作家兰迪·波许在其著作《最后的演讲》中所说的：每一个梦想前面总会出现一道砖墙，但砖墙的存在，不是为了阻挡我们，而是要给我们一次机会，来表明我们是多么想得到某个东西。

　　当然，有时候不管我们如何努力，也未必能完全实现最初的梦想，但这并不是我们消极或退缩的理由。梦想最大的意义在于，有一件事情在远远的地方提醒我们，我们还可以去努力变成更好的人。只要努力朝着那个方面前进，始终保持旺盛的精神状态，那么我们必将实现梦想。

2
成功的人都在做自己喜欢的事

你想做一个成功的人吗？

相信不少人会迫不及待地回答："想！"

告诉你，所有成功的人，无一例外，都在做自己喜欢的事。

艾伦出生在美国的一个知识分子家庭，可能是从小被父母宠爱的原因，她早早便养成了"自己喜欢的事情就去做"的性格。12岁那年，学业优异的她，突然迷恋上了舞蹈，于是她缠着妈妈给自己报了一个舞蹈班，每天放学后她都会练习两个小时的舞蹈，虽然很辛苦，但她却学得不亦乐乎。17岁那年，因为欣赏了几次名模表演，她又对模特这一职业产生了兴趣，又是一番艰辛的练习后，她居然真的走上了T台。随着音乐走秀时，她的笑容自信而坚定，风光无限。闲暇时，她还去远海潜水，去攀岩。就这样，她天马行空地做了一件又一件自己喜欢的事情。

22岁那年，她通过一番积极的学习考上了心仪的哈佛大学，主修医学，因为她希望自己能够像当医生的母亲那样，为他人解除伤病的痛苦。通过四年的辛苦学习，她以优异的专业成绩毕业，然后如愿地在家乡的一所社区医院实习，没几年就当上了主治医生，年薪几十万美元。就这样，年轻貌美、能力出众的她，因为一直在做自己喜欢的事，事业蓬勃，生活无忧，她成了令人羡慕的命运宠儿。

能够去做自己喜欢的事的人，才是真正的赢家。为什么？因为当一个人真心喜欢一件事、一份事业时，会为之欣喜，为之振奋，格外努力地去投入，更专心地做事。具备了这样的匠心精神，何愁没有成就？那么，有些人之所以更容易在职场上取得成功，就是因为他们做着自己喜欢的工作。

所以，如果你认为你真心地热爱画画，或者你可以不知疲倦地研究地图，或者谈到各种美食的烹饪方法你就会眉飞色舞，那很有可能你就应该去学美术、地理或者烹饪，并且很可能会取得了不起的成就。相信你所过的每一天，也一定都是实实在在充实和幸福的，你会看到更好的自己。

一个人能够喜欢工作到什么程度呢？这包括积极热情地工作，努力再努力，拼命再拼命，甚至不惜放弃致富、出名等机会。

中学时期的一次偶然机会，肖欢第一次接触了烘焙，她喜欢专注于把多个鸡蛋放在盆里，随着手工打蛋器，蛋液四溅的畅快淋漓；喜欢听着烤箱"嗡嗡嗡"运转的声音，想象烤出的甜点的模样与味道……那时候她就梦想着有朝一日能把一份爱好作为自己的事业来发展，希望将来自己能开一家烘焙店。于是，在大四实习期，肖欢来到一家烘焙店铺要求拜师学艺。不料，这位师傅不收徒弟，肖欢"死皮赖脸"不愿意走，并提出不要工资在店里打杂。接下来，她开始帮做一些端盘子、洗杯碟的工作，许多人得知她是一个大学生时，不禁觉得可惜了，她竟也不觉得无聊与疲累，而是满心的欢喜。

　　大学毕业后，随着父母的意愿、社会的主流思想，肖欢在一家外企当小白领，烘焙制作成为她业余时光的兴趣爱好。但没多久她却做了一个疯狂的选择——辞职。"为什么我一直要为我的梦想铺垫呢，为什么我不能摸着石头过河呢，为什么一定要等到年老时才能去实现梦想？"肖欢不断地问自己。于是，一个星期后，她辞去了月薪上万元的稳定工作，开设了自己的烘焙店。相比月薪上万元的工作，烘焙店的收入有限，而且不稳定。但只用水、面粉和盐作为面包的原料，用她买到的最优的食材，为每一个上门的顾客提供最健康、最精致的甜品，在肖欢看来，就是一件鼓舞人心的事。

　　有朋友曾经问过肖欢，在无数个夜深人静的时候，是什么让你坚持整夜不眠，重复一个又一个蛋糕与甜点的制作？她淡然地反问："这个还有为什么？显然是喜欢的结果啊。每天早晨醒来，一想到今天又能做喜欢的事情，我就会无比兴奋和激动。"肖欢是真爱烘焙，她那心无旁骛潜心创作的专注、完成作品时的满足和不计投入、不求回报的付出与执着，大概就是浮躁忙碌的现代都市人日渐稀缺的品质。

　　人最重要的是做自己的事情，当一个人能够做自己喜欢的事情，那么选择什么工作要比赚多少钱更重要，不是吗？

3

是否有一个目标，让你愿意为此付出一生

人生最大的快乐不在于占有什么，而在于为目标付出的过程。那么，为了目标你会甘愿付出什么呢？你愿意为此付出一生吗？让我们先来看一个故事：

当查尔斯·狄更斯还是个小孩子的时候，有一次他跟随父亲外出旅游，他们经过肯特郡一处叫格德山庄的房子，那里高大、宽阔，墙上爬满枝枝叶叶，绿意盎然，像仙境一般。狄更斯仰起头，用艳羡的眼光仔细打量着这个漂亮的府邸，嘴里发出啧啧的感叹："如果我们能住在这样的山庄里该多美妙！"听了狄更斯的话，父亲抚摸着他的头和蔼地说："孩子，只要你努力，你就能拥有它。将来有一天，你也能拥有这样漂亮的山庄。"从那时起，他就下定决心一定要住进格德山庄。

自从心里有了这个目标，狄更斯就有了彻底的改变，从一个不爱读书、调皮捣蛋的孩子变成了勤奋好学的学生。可是不久，由于家境日渐穷困，父亲负债入狱，一家人颠沛流离。为了生活，他不得不在工厂里做童工，白天在车间辛苦地劳作，晚上如饥似渴地读书。在困苦中，他一天天长大，生活的穷困并没有丝毫改善。

但不管什么时候，遇到什么困难，他依然记着父亲的话和那座格德山庄。

再后来，为了实现自己的目标，狄更斯晚上在一间阴暗潮湿的房子里一边给人看仓库，一边不停地写呀写。他像一列蒸汽火车，速度很快，而且准时，他精力充沛而且一心一意向前走。就这样，他写出了《大卫·科波菲尔》《双城记》等许多脍炙人口的名著，成为享誉世界文坛的文学巨匠。在36岁那年，他终于买下了那座给了他无限动力的格德山庄，然后在自己理想的官殿终老一生。

有些目标虽然遥不可及，但并不是没有可能会实现，只要你足够努力、足够强。

当一个人为了目标而奋不顾身的时候，这时的他是最耀眼的！

或许，大多数时候你会羡慕有的人好像不怎么努力就可以过得很好，甚至你还会时常抱怨上天的不公平，为什么自己和别人一样上班工作，别人却可以过得比自己好。但你肯定不知道的是，在你熬夜看电视剧的时候，别人却在熬夜加班工作，努力提升自己。你还不知道的是，在你用去这么多时间来抱怨上天的不公平的时候，别人还嫌时间不够用，在抓紧时间进修和提高自己。

美璐来自西部山区的一个偏僻农村，她家境一般，却生性好强，她说自己一直想成为一个顶尖的姑娘，希望将来自己也能成为一名大学教师。大学报到时辅导员把女生召集在一起，问谁觉得自己有能力来当军训期间女生的负责人，美璐第一个站出来推荐自己。军训期间，美璐尽可能地为班上同学服务，也与班上同学都混熟了，然后毫无悬念地成为军训标兵。一个月的相处大家还不是很熟络，所以大学刚刚开始选举班干部投票主要就是拼谁认识的人多以及给别人的印象好不好，接下来的选举美璐又成了班长。她对班里的事情很上心，从不等着别人来催。

后来，美璐去学生会面试，她被淘汰了。但是美璐没有放弃，她发短信给那些学姐询问自己落选的原因，并且诚恳地表达了她很期待能在学生会工作。学姐们觉得这样的学生应该会很努力，最后破格录取了她。美璐也没有让学姐们失望，在学生会里面工作，不管小事、大事都认认真真做，也进步得很快。大二时她成了部长，大三时她成了独当一面的主席，也跟学院团委的老师很熟，大家也都看到她的能力，在最后留校的人员评选中，院里的老师也给了批准通过。

当然，美璐的专业能力也是不容小觑的。由于攻读的是汉语言文学专业，求学期间，美璐除了上课和日常事务之外，几乎天天"泡"在图书馆阅读国内外的名著，基本上每天的阅读量都保持在8万~10万字。任教后，她更是利用周末的时间在图书馆"进修"。在阅读与思考的过程中，她细细品味其中的精髓，模仿借鉴对自己有帮助的表达方式与论证逻辑，一开始她在校内的核心期刊发表论文，再后来两次受邀参加各类学术会议，多次获奖。谈到自己的经历，美璐娓娓道来："目标面前人人平等，越努力越幸运，事在人为，要让别人看到你发光的一面，关键还是要自己有能力有资本，唯有努力改变可以改变的，我们才能变得更好。"

命运永远厚待努力生活的人，外人眼中的天分往往是用更长时间的努力得来的。

所以，当你心中有一个明确的目标时，放下你的浮躁，放下你的懒惰，别再傻傻等待，去努力，去争取，不要害怕辛苦，一直为之奋斗。当你的目标足够强大，强大到让自己奋不顾身，这种强烈而充满自信的斗志，最终会给你引来好运，使你比别人更有可能达到事业高峰，享受美好人生。

4

不图名，不为利，只为把事情做好

我们在职场上要经过许多关口，其中名利关是最为狭长和难过的。在名利的关口前，人们的态度大致有两种：一种是恣意追逐，一种是淡泊对待。不同的反应表达了不同的做人本色、价值取向，等等。

追名逐利者，其人生的价值观、利益观都驻足于如何获取更高的位子、更大的房子、更好的车子和更多的票子上，他们衡量自己一生是否成功与显赫的砝码是功、名、利、禄……在职场上，不乏这样一些人为了追名逐利绞尽脑汁、处处钻营，有些人甚至不择手段。

淡泊名利者，并非没有功名利禄之心，但他们更有一种安贫乐道、不求闻达、格高致远的精神，这种行为来自内心的热爱，源于灵魂的本真，不图名，不为利，只是单纯地想把一件事情做好。毋庸置疑，这是一种纯粹高尚的、脱离了低级趣味的匠人精神，这样的人更受人青睐、尊重和推崇。

屈峰是故宫博物院文保科技部木器组组长。自 2006 年从中央美术学院毕业进入北京故宫博物院至今，屈峰已在故宫度过了11年的"宫廷生涯"。他坦承自己一开始来故宫工作并不是太适应,"在一个后工业时代,自己居然进了一座前工业时代的手工作坊",如何让一个飞扬跳脱的当代大学毕业生耐住寂寞,踏踏实实继承手艺,从桀骜不驯修成灵慧虚和,是师父们的责任与难题。

作为一个天马行空的艺术专业毕业生,屈峰曾经为中规中矩的日常工作中无法安放的艺术创新梦想而苦闷。当他参加中央美术学院的校友活动时,发现同学们都在做着更赚钱的现代艺术,这让他内心更加浮躁。但不久他就从逆光中师父挥汗如雨的场景里懂得,名利二字在文物修复师的眼里没有多大意义,"你是一个生命,文物是一个生命,两个生命在碰撞的过程中,就会用自己的生命体验去理解文物,愿意施予它一生的劳动,使它完整地、安好地在长河中继续漂流下去"。

就这样,心高气傲的屈峰放下对名利的期待,不去想着如何获得功名利禄,像他的师父一样,气定神闲地对待每一个到自己手上的文物。在近年出品的《我在故宫修文物》的纪录片里,他一边拿着刻刀,一笔一画地雕琢着佛头,一边娓娓道来:"你看有的人刻的佛,要么奸笑,要么淫笑,还有刻得很愁眉苦脸的。中国古代人讲究格物,就是以自身来观物,又以物来观自己。所以我说古代故宫的这些东西是有生命的。人制物的过程中,总是要把自己想办法融到里头去。人到这个世上来,走了一趟,都想在世界上留点啥,觉得这样自己才有价值。幸好,我已找到。"

随着《我在故宫修文物》纪录片的播出,屈峰彻底火了。

很多人醉心于名利,终其一生都在苦苦寻觅,却很少得到名利。有些人不求名利，只认真做自己在做的事情，结果名利却反过来追求他。可见，一个有志成大事的人，一定得抵制名利的诱惑，坚定做事的决心，知道自己究竟是为了什么在奋斗，这样就能全身心地投入，将事情做到极致。

我们常说无欲则刚，"无欲"是前提，"刚"则是结果。从字面上理解：没有欲望，才可以变得刚强。言下之意——在物欲横流的世界里，如果一个人能警策和把握住自己，拥有一份追求纯粹的美好和朴质的情怀，那么你就像一块钢板一样刚强密实无缝，无懈可击，进而实现自我价值。

有一位诗人为了追求心灵的满足，寻找写诗的灵感，不断地从一个地方到另一个地方。他的一生都是在路上，在各种交通工具和旅馆中度过的。当然，这也并不是说他没有能力为自己买一座房子，这只是他选择的一种生活方式。在他看来，不为非分之欲所迷惑，寡欲清心，生活才有诗意的可能。

后来，由于诗人在文学艺术上作出了巨大的贡献，有关部门给他免费提供了一所住宅，并决定聘用他为文化部的干部——但是，诗人拒绝了，他说："如果我接受那些外在的房子、物质等，不仅要为之耗费精力，还很有可能受到诱惑，杂念和烦恼自然也就会束缚我的内心，同时也束缚了我的生活。"

就这样，这位独行的诗人，在旅馆和路途中度过了自己的一生。诗人死后，朋友在为其整理遗物时发现，他一生的物质财富就是一个简单的行囊，行囊里是供写作用的纸笔和简单的衣物，以及十卷极为优美的诗歌和随笔作品。

这位诗人正是因放下了过多的欲望，使杂念和烦恼无安身之地，使内心一直处于平静状态，这不仅可以使他全身心地写诗，而且还丰富了自己的精神生活，最终将事业进展得更为顺利，为文学界作出了巨大贡献。

淡泊名利永远是成功者的专利，请问你做到了吗？

◆5◆
即使最困难的时候，也请相信希望

人在职场中一路向前发展的同时，总是伴随着各种各样的挫折和磨难，有时候甚至还会遭受沉重的打击。这些都是客观的存在，我们谁也躲不开。这时候，你会怎么面对呢？无论你会怎么做，那些具有工匠精神的人都不会因此而抱怨，而愤懑，而一蹶不振，他们的心中一定会存有希望。

什么是希望？希望其实就是一种期许，就是一个盼头、一个目标。有了希望，就好似在阴霾的空气中，找到了一丝一缕的微弱阳光；有了希望，就有了工作下去、奋斗下去的动力。

在任何情况下，你都要给自己留一点希望，告诉自己：眼前的困难和艰难都算不了什么，这些都是暂时的，总会过去的。只要你不放弃希望，就没有什么不可以，没有什么不可能，没有什么是做不到的。一个人，即使你一无所有，只要你存有希望，你就可能拥有一切。

比尔·波特是一个不幸的人，幼年因大脑受到了伤害，他在神志上出现了一定的缺陷和障碍，经常不能控制自己的思绪，生活不能自理。长大后，福利机关将比尔定为"不适于雇佣的人"，他去应聘的几家公司都无情地拒绝了他。但是，比尔从不自怨自艾，他对于生活和事业始终充满了希望——"我相信自己的真实性和创造力"。他向每一家公司积极推荐自己，最终怀特金斯公司的一位经理感动了，接纳了他。

之后，美国俄勒冈州波特兰城的居民们眼前就天天上演着这样奇特的一幕：提着手提箱的比尔从一扇门前艰难地跋涉到另一扇门前，他艰难地爬上楼梯，按响门铃，然后耐心地等待开门的客户，他的脸上早已准备好了谦卑的微笑，几句经过深思熟虑的问候语也挂在嘴边。假如没有人前来开门，或者门开了又很快关上，他就转过身，仍然面带微笑，向下一户人家走去。

工作开展得并不顺利，第一个客户没有买他的商品，第二个、第三个也是如此……更糟糕的是，比尔每天花在工作和路上的时间共14个小时，等他晚上回到家时已经筋疲力尽了，关节痛、偏头痛也经常折磨着他。不过，面对眼前的这些苦难，比尔丝毫没有觉得沮丧，他相信总有一天会有人接受自己的产品。带着这样的希望，他依然每天出现在所负责的工作区域，热情地向顾客推销自己的产品："你好，我是你的朋友比尔"，"今天天气真好，就像我看到你时的心情一样"……

渐渐地，顾客们对比尔从陌生到熟悉，视比尔为诚实的人、热情的人、坚忍不拔的人，也正是因此他们开始乐意购买比尔的商品。当然，他们不是每次都需要比尔所推销的商品，但他们认识到世界需要像比尔这样的人，他们愿意支持比尔。就这样，比尔的业绩由低到高，节节攀升，赢得了公司有史以来第一份最高荣誉——杰出贡献奖，并成为了美国怀特金斯公司的特殊"产品"。

别再怀疑希望的力量了，它能够驱动你个人影响力的发展，而其结果必然是感染周围所有的人，从而帮助你获得成功和幸福。"希望能使一个人的生活过得更有价值，甚至对我们的生存而言也是必不可少的。"瞧，这不是一句单纯而美丽的话语，而是带领一个人迈向成功之路的路标。

6

上天往往把成功赐给那些偏执狂

古往今来，成功者——偏执者也。

微软的比尔·盖茨之所以成功，是因为对电脑软件的偏执。

百度的李彦宏之所以成功，是因为对中文搜索的偏执。

何为偏执？偏执和认真、勤奋不同，认真、勤奋是带有功利性目的的。比如，你很勤奋地学习，目的是为了考试能考出好成绩。如果你事先知道答案，你多半不会那么努力。偏执是一种追求水落石出的品质，这不是毫无理由的固执，而是确定目标后的坚持，是一种对某种事物的无比狂热。

只有偏执狂才能成功，这句话并不是没有道理的。

事实上，很多人在遇到苦难的时候会退缩，因为人都有趋利避害的天性，逃避是最容易做到的事情。偏执狂是异于常人的，一旦确立了一个梦想，他们就会勇往直前，为了这个梦想时刻准备着，为了一件事情反复练习着，对梦想的确定性异乎常人。等到时机成熟，成功就变成了水到渠成的事。

在这一点上，美国著名服装设计师安妮特夫人的成功故事就是最好的证明。

安妮特出身贫寒，多年以前，她在纽约城里好不容易找到了一份工作，到第五大道的一家女服裁缝店当打杂女工。这是一家很上档次的裁缝店，店里每天都会接待一些美国上流社会的贵妇、小姐们，她们一个个穿着讲究，端庄大方，高贵典雅……这给了安妮特很大的震撼：这才是女人们应该有的样子。一股强烈的欲望在她的心中燃起：我一定要成为她们中的一员，过那样的生活。

接下来，安妮特开始玩起了一个令人唏嘘的游戏。虽然经济拮据，但她会省吃俭用把节省下来的钱买漂亮的衣服，买时尚的杂志，然后假装自己已经是上流社会的贵妇、小姐们，学习她们的穿衣打扮、言谈举止。每天开始工作之前，她还要对着店里的试衣镜很优雅、很自信地微笑，假装自己是顾客，自己向自己推销。这些举动在其他店员们看来有些疯狂，但安妮特的表现却深受那些女士们喜爱。不久，许多顾客开始在裁缝店老板面前说："这位小姑娘是店中最有气质，最有头脑的女孩子。"

做好了工作之后，安妮特不想一直做一个地位卑微的打杂女工，她的目光转向了裁缝店老板身上。与那些女顾客们一样，这也是一位穿着讲究、端庄大方的夫人，不同的是她还聪明能干、处事周全，这令安妮特钦佩不已。于是，安妮特开始向自己的老板学习，她时常想象自己就是老板，待人接物时表现得落落大方、彬彬有礼，工作积极投入，仿佛那裁缝店就是她自己的。这些都被老板看在眼里，"这真是一个杰出的女孩"，之后老板就把裁缝店交给安妮特管理了。渐渐地，安妮特成了著名服装设计师"安妮特夫人"，继而创造出了一个响亮的品牌——"安妮特"。

安妮特的成功得益于多个方面，但首要的也是最重要的一点，就是一无所有的她为了一个梦想会不计成本地去努力。她创造或模拟每一个她想要获得的经历，以成功者为榜样，不断地锻炼着自己，她内心的潜能不断被开发，内心的力量得到了增强，最后她真的成为了自己想成为的那种人。

人的共性是最容易被忽略的，而工作的能力，取决于你敢不敢在一件事上偏执下去。

大众印象里的史蒂夫·乔布斯是一个天才，他给我们带来了那么精致的数码产品，这一切足以让我们对他崇拜得五体投地。但往往越接近天才的人，也越是一个偏执狂。

1955年2月24日，乔布斯出生在美国旧金山。刚刚出世他就被父母遗弃了，一对好心的夫妻领养了他。成年后，乔布斯殚精竭虑地投入到自己坚信的事业，并决心要成为一个伟大的人。他之所以如此坚定，可从他的日记窥见一斑："我是一个孤儿，曾被父母狠心地抛弃，我所做出的一切疯狂努力都只为让母亲认为将我抛弃是一个错误。我绝不能停止，一旦停止，只有死路一条。"

乔布斯刚上任时，属下提交的产品目录极其宽泛，从喷墨打印机到掌上电脑大约有40种，而且这些产品中的每一类又有多个系列。而乔布斯认为，越简单越好。在追求简洁这条路上，乔布斯一直保持着一种"饥渴和天真"的状态，他十分固执地研究每一个元素所起的作用，"举例来说，放弃螺丝的使用，你很可能得到一件异常扭曲复杂的产品。更好的方法是将简洁带到产品深处，去了解产品的每一个组成部分，以及它们是如何生产出来的"，这些要求经常令工程师们头大。

乔布斯狂热地追求产品的完美，甚至达到苛刻的地步，例如外部的主要零件的合缝间距不能大于0.1毫米，螺丝表面一圈一圈的纹路之间必须等距……为达到这些要求，他不达目的誓不罢休。当工程师们经过一次次修改，终于完成了某一产品设计时，如果乔布斯发现有一个细节不符合自己的要求，例如一块电路板的线路看起来不够整齐，也会要求工程师们必须重新设计，而不惜推迟产品的发布时间。

乔布斯认为，其他同行公司做的都是三流产品，自己才可以做出优秀产品。在微软等企业都主张将软件兼容到各种硬件上的时候，他坚持封闭式的一体化战略。一想到苹果公司伟大的软件运行在其他公司平庸的硬件上，他就坐卧不安。同样地，他也难以忍受未授权的应用和内容破坏苹果产品的完美性。他的产品硬件、软件全部掌控在自己手里，并且不愿意与其他品牌的机器兼容。当微软大获全胜的时候，乔布斯一直在坚持自己的理念，终于有一天，他将苹果手机带给人们，改变了全世界的手机用户体验。

上天往往把成功赐给那些偏执狂，要知道，一个人的潜在能力是无限的，只要你不计成本地努力，无所畏惧地追求，带着一股"轴"劲，那么你内心的力量将得到引导和开发，引导你慢慢接近想象中的自我，给人生带来被翻牌的机会。如果你暂时没被翻牌，一定是因为你的诚意还不够。

第三章

你在为谁工作

匠人要有责任

一个人所做的工作，就是他生命价值的体现。
对一个工匠而言，工作固然是谋生的手段，
但从中获得的能力、成长、经验等，
更有价值，所以他们会无比热爱自己的工作。
一个人只有热爱工作，
才能做得足够好、足够优秀，
慢慢就能站到行业的顶端，
薪资待遇自然水涨船高。
如此看来，拥有工匠精神，
无论对自己还是对企业，都是一种双赢。

1

像骑士一样上路，终将所向披靡

每天都在重复着千篇一律的工作，过着单调而机械般的生活，你是否经常会有疲惫的感觉？是否感觉经常打不起精神呢？不管怎么样，都觉得没意思……

难道就一直这样消沉下去吗？这么消沉的态度，未来可想而知！

你知道弗兰克·贝特格吗？他是世界最杰出的推销大师之一，他的人生经历经常被哈佛教授们提及，被哈佛学子们追捧和效仿，也定会对你有所启示。

弗兰克·贝特格一开始是一名职业棒球手，但不久他就遭到了有生以来最大的打击——他被开除了。老板给他的理由是："你的动作无力、无精打采，看起来疲惫不堪的，哪像是一名职业棒球手，我认为你不适合我们这里。"这是令人沮丧的事情，接下来弗兰克感觉做什么事情都没有意思。

后来，老师卡耐基先生一语道破："你对工作毫无激情，怎么可能做好呢？"这是一个重要的忠告，弗兰克决心改变自己。当进入纽黑文队时，他下定决心要成为最有激情的球员，他成功地做到了。一上场，他就像充足了电的勇士在球场上奔来跑去，快速、强力地击出高球，他的激情不仅感染了整个球队，还引爆了全场观众的热情。弗兰克出色的表现让教练赞赏不已，很快他的月薪从25美元涨到185美元，还被评选为英格兰最具热情的球员。

从球队退役后，弗兰克转行去做保险推销。最初的十个月非常糟糕，客户总是在他没有把话说完的时候就把他赶走，弗兰克对这份工作失望极了，觉得每一天都是煎熬，考虑换一份工作。后来，他的老师卡耐基先生劝诫道："弗兰克，你推销时的言语一点生气也没有，如果换成是我，我也不会买你的保险。"这是一个重要的忠告，弗兰克想起自己在棒球队的那段经历，明白自己为何业绩不好了，于是他决定用自己打球时的激情来好好推销保险。面对客户的时候，弗兰克总是微笑着，积极热情地推销，结果他创造了一个又一个的奇迹，成为世界著名的推销大师。

　　弗兰克·贝特格在事业上能有所成就，与其说是取决于他的才能，不如说是取决于他的激情。凭借激情，他在烈日当空的酷热中超常发挥；凭借激情，他在推销员这个再平凡不过的岗位上闯出了一片天地，创出了一番辉煌的事业。你渴望做出成绩吗？你渴望实现自我吗？那就先问问自己，你有激情吗？

　　有史以来，没有任何一件伟大事业不是因为激情而成功的。正如威廉·詹姆斯教授所说："激情可以改变一个人对他人、对工作、对社会及对全世界的态度。激情使一个人更加热爱生活。当你学会激情，学会做事时拥有激情，这样在构建成功大厦的时候，你才会打牢自己的地基。"

　　激情是一种强大的力量，你可以予以利用，使自己获得好处。

　　看到这里，你是不是很好奇，激情为何具有强大的力量？

简单一点说，一是激情是一种发自内心的兴奋，会把你全身的细胞调动起来，使你的精神面貌大不相同，使你的行动变得积极起来，不断鞭策和激励自己向前奋进；二是激情是有感染力的，传递一种必胜的信念，使别人不知不觉地支持你，听从你。试问，听到充满激情的劲爆音乐你是不是会不自觉地摇摆？

如果你对此心存怀疑，我们就再来看一个例子。

洛克菲勒创办的美国标准石油公司曾是世界上最大的石油生产、经销商，在那个时候，每桶石油的售价是四美元，公司的宣传口号就是：每桶四美元的标准石油。当时公司有一个名叫阿基勃特的基层推销员，阿基勃特的职位虽然很低，但他对待工作总是充满了无限热情，不仅每天干劲十足，而且无论外出、购物、吃饭、付账，甚至给朋友写信，只要有签名的机会，他都不忘写上"每桶四美元的标准石油"。有时，阿基勃特甚至不写自己的名字，而只写这句话代替自己的签名，同事们都开玩笑地称他为"每桶四美元先生"。时间久了，大家都叫他的绰号，甚至忘记了他的真名。

一天，洛克菲勒无意中听说了此事，非常赞赏，于是邀请阿基勃特共进晚餐，并问他为什么这么做，阿基勃特说："这不是公司的宣传口号吗？"

洛克菲勒说："你觉得工作之外的时间里，还有义务为公司宣传吗？"

阿基勃特反问道："为什么不呢？有一分热便发一分光。"

洛克菲勒对阿基勃特的举动大为赞叹，开始着意培养他。后来，洛克菲勒卸职，他没有将第二任董事长的职位交给自己的儿子，而是交给了阿基勃特。这一任命，出乎所有人的意料，包括阿基勃特自己。事后的结果证明，洛克菲勒的任命是一个英明的决定，在阿基勃特的领导下，美国标准石油公司更加兴旺繁荣。

别再怀疑激情的神奇力量了，它能够驱动你个人影响力的发展，而其结果必然是感染周围所有的人，从而帮助你获得成功和幸福。是的，热情之于事业，就像火柴之于汽油，如果没有一根小小的火柴将它点燃，那么汽油的质量再怎么好，也不可能发出半点光，放出一丝热。有了热情这根火柴就不一样了，它能够引爆你的能量，把你拥有的多项能力和优势充分地发挥出来。

从今天开始，无论你的工作多么单调乏味，不要再盲目地混日子了，让激情占据你的内心吧。像一个勇敢的骑士一样，让自己每天都充满活力，一直保持激情的状态，使之在工作中转化为巨大的能量。一个月后，相信你会看到一个活力四射的自我，你的未来也将充满无限的可能。

2

工作是为别人做的，更是为自己做的

"我到底在为谁工作？"相信很多人都问过自己这个问题。工作的意义到底是为了老板、企业的利益而出卖自己的劳动力，还是为了自己的理想和未来铺就的奠基石？如果弄不清这个问题，我们就很难有正确的心态工作，在工作过程中也就很难有工匠精神，进而也就很难有突出的成就。

那么，我们到底在为谁工作？答案不是他，也不是她，而是我们自己。

人生不是简单地追求物欲和享受，人最终的追求是自我价值的实现，这正是人与动物的区别。工作不仅仅是报酬和劳动的等价交换，更是实现人生价值的重要途径。如果仅仅把工作看成给别人打工，那你只是找到一个谋生的手段而已，只是给自己找到了一个填饱肚子的饭碗，这样的心态是不会有大出息的。

工作是什么？是一个人在社会上赖以生存的手段，员工需要工作养家糊口，需要给自己找一个饭碗，因为我们谁都不想食不果腹、衣不遮体，或者接受别人的救济。但除此之外，工作还有一个更重要的功能，那就是使我们不断提高自己的专业知识，积累丰富的工作经验和为人处世的能力，这些都有益于我们未来事业和整个人生的成功。很显然，这些价值要比我们所获得的薪水高出千万倍。

人生价值的表现形式有很多种，追求自我提升则是其中的最高境界，而通过职场上的积极作为，我们就能将其具体实现。所以，我们要时刻铭记：当进入到一家企业的时候，自己的利益就已经和工作、企业绑在了一起，对工作负责就是对自己负责，对工作越负责，就越能做好工作，进而获得更大利益。

如果我们抛弃"打工"的身份，认定自己是工作的主人，我们会有什么样的收获呢？

某年夏天，一群工人正在铁路的路基上工作。这时，一辆专列停了下来，车厢里下来一个西装革履的男士，这人友好地跟其中一名工人安德森打招呼："安德森，你好，见到你真高兴。"接下来，两个人进行了长达一个多小时的交谈，然后握手道别。

其他人问安德森："刚才那个人是谁啊？"

安德森说："墨菲铁路公司的总裁吉姆·墨菲。"

"我们的总裁？"其他人奇怪地问，"你跟总裁那么熟，你们是老朋友吗？"

安德森叹了一口气，感慨地说："十多年前，我们是在同一天开始为这条铁路工作的。只不过，我只是为每小时 1.75 美元的薪水而工作，经常私底下偷懒；而吉姆·墨菲却把工作当成自己的事一样认真做，那时候我经常说他太傻了，可是现在我仍在烈日下挥汗如雨，而他却成为了总裁。"

的确如此，一踏进铁路工地时，吉姆·墨菲就抱定了要做同事中最优秀者的决心。当其他人抱怨工作辛苦、薪水低而怠工的时候，他却要求自己尽心尽力地去工作，默默地积累着工作经验，并自学管理知识。他的理由是："公司并不缺少打工者，缺少的是既有工作经验，又有专业知识的技术人员或管理者。我不光是为老板打工，更不单纯为了赚钱，我是为自己的远大前途打工。"

为公司工作的人处境一直没有改变，而为自己工作的人却最终成为了老板。看起来很费解的问题，原因却是非常简单。工作不仅仅是为企业、老板，也是为自己的个人前程，这样的员工对待工作才有激情和动力，对工作会更积极主动，对企业作的贡献也就越大，自然是老板优先考虑升职加薪的对象。

在不同的人生阶段，人有着不同的追求，但是对于那些具有工匠精神的人来讲，他们都是在为了寻找自我价值而自觉地努力着。工作是为实现自己的价值，工作是自身生存和个人发展的重要平台，为此他们会更严格地要求自己，积极投身所从事的工作，充分发挥主动性，一天天地，将自己与成功越拉越近。

美国维亚康姆公司董事长萨默·莱德斯通，在63岁时才开始着手建立他庞大的娱乐商业帝国。多数人在63岁时都准备退休，开始享受人生了，而他却在此时做出了重大决定：重新回到工作中。之后，维亚康姆成了萨默·莱德斯通的生活重心，他的工作日和休息日、个人生活与公司事务之间没有任何的界限，有时他甚至一天工作24小时。

为什么要这样做呢？萨默·莱德斯通从哪里获得这么强烈的工作热情呢？对此，萨默·莱德斯通解释道："钱从来不是我的工作动力，我的动力完全源自于对工作的热爱，我喜欢娱乐业，喜欢我的公司。我有一个愿望，要建立一个最庞大的娱乐商业帝国，实现最高的价值，尽可能地实现。"

当你明白这样的道理以后，请试着忘记以下这些理由："反正薪水只有一点点，那么能偷懒就偷懒吧！""我只是一个打工的，反正做得再多再好，好处也轮不到我，还是省点力气吧！"……从现在开始，把工作当成自己的事，积极而认真地完成它，从而达到个人与企业和谐双赢。

3

工作不分贵贱，态度却有高低

一个又老又脏的老乞丐，偶然遇到了上帝，他请求上帝满足他三个愿望。上帝是仁慈的，马上就答应了老乞丐的要求。老乞丐对上帝说自己的第一个愿望是要做有钱人，上帝自然是有求必应，马上就答应了，让乞丐成了有钱人。乞丐又对上帝说希望自己只有20岁，上帝挥了挥手，乞丐就变成了一个20岁的小伙子。

老乞丐高兴极了，接着说出了自己的第三个愿望："我一辈子都不用工作……"结果，老乞丐又变回了又老又脏的形象，他大惑不解地问上帝："这是为什么？我怎么又一无所有了？""如果你不工作，整天无所事事，那该多么可怕啊！"上帝很诚恳地说，"工作是我所能给你的最大祝福。一个人只有工作，生命才有活力。现在，你把我给你的最大恩赐都扔了，自然就一无所有了。"

如果说工作是一份礼物，那么职场中的你，喜欢这份礼物吗？

看到这里，有些人可能会无奈地撇撇嘴，抱怨自己的工作不值一提、低人一等。的确，有这样一些工作，它们看上去并不高雅，工作环境也很差劲，社会上似乎也不太关注。但是，我们千万别因此而轻视这样一份工作，我们要用这样的尺度去衡量它：只要它是存在的，就值得你去做。

工作没有贵贱之分，但工作态度却有高低之别。

"记住，这是你的本职工作。"这是美国作家费拉尔·凯普发自内心的独白。在《没有任何借口》一书中，他做了如此的表白："既然你选择了这个职业，选择了这个岗位，就必须接受它的全部，而不是仅仅只享受它给你带来的益处和快乐。就算是屈辱和责骂，那也是这个工作的一部分，你只要去做就是了。如果说一个清洁工不能忍受垃圾的气味，他能成为一个合格的清洁工吗？"

看一个人是否能做好一件事情，只要看他对待工作的热爱程度就知道了。

王亮是某社区的一名保安，在他看来这样的工作太丢脸了，不仅需要一天到晚地巡逻，还时不时地被领导呵斥，得不到别人的尊重。他一直浑浑噩噩、得过且过，结果被物业公司开除了，连生活费都没有了。心灰意冷的王亮离家出走了，他决定徒步爬上泰山，然后从泰山之巅坠崖自尽。

当王亮万念俱灰地站在山崖处时，一段快乐的口哨声由远及近，从台阶下走上来一个灰头土脸的清洁工。他背着满满的垃圾筐，满脸笑容，边走边吹口哨，是何等的悠闲与快活。清洁工主动地和王亮打招呼，并且和蔼地告诉他："年轻人，泰山的风景很美吧，但为了你的生命安全，请不要站在那儿。"

都这个时候了，还有人关心自己，王亮有些感动，他觉得临死前和这个善良的人聊聊天也是一件欣慰的事情。看着清洁工快乐的样子，他有些不解："你只是一个清洁工，为什么你这么快乐？"

"清洁工怎么了？"清洁工惊讶地说，"我清洁的是泰山的环境，让每一个来到泰山的游客都看到干干净净的美景，收获一份清清爽爽的好心情，这是多有价值的事情呀！而且，我真是太幸运了，我基本上每天都上泰山，每天都能免费观赏到泰山的美景，这让我每天都能神清气爽，这种工作多好！"

"是吗？"王亮有些不相信自己的耳朵，"我是一个小保安，我找不到自己的价值。"

"怎么会？保安可是一份神圣的工作。"清洁工严肃地说道，"你们夜以继日地坚守在各个角落，无论天冷天热，无论刮风下雨，为的就是让大家安心放心。缺了你们，居民们还能安心上班？缺了你们，大家还能安心回家睡觉？我很羡慕保安工作，也求职过，但年纪有些大了，人家不愿意要我。"

听到这番话，王亮为之一震，他真诚地谢过清洁工之后，轻快地走下山去。

俗话说"三十六行，行行出状元"，职业不分贵贱，态度却有高低。

轻视自己工作的人，会觉得工作十分苦和累，所以很难把工作做到最好。相反，一个拥有良好工作态度的人，不管他从事何种职业，不管他在什么工作岗位，都会敬重自己的工作，全身心投入工作，尽自己的最大努力，使个人价值得到确认和实现。在自我实现的过程中，他将体会到幸福的满足感。

由于所在的乐队解散了，大提琴手小林大悟就此失业，他开始四处求职，但由于没有一技之长，好工作并不好找。一天，小林大悟看到了一张条件惹眼的招聘广告——"年龄不限，高薪保证，实际劳动时间极短。诚聘旅程助理"。不料，当他拿着广告兴冲冲跑到NK事务所应聘时却得知——"啊，那是个误导，我们要找人给去那个世界的人当助理"。事务所老板佐佐木向大悟说明了工作性质，所谓的"旅程助理"其实就是入殓师，负责将遗体放入棺木并为之化妆。

对冰冷尸体的寒噤，对腐烂肉体的恶心，对逝者的恐惧，让小林大悟很难接受这份工作，而且从心里很排斥。但佐佐木社长却说："让已经冰冷的人重新焕发生机，给他最后的尊严，给她永恒的美丽。这样的工作带着对生命的敬意与尊重，是值得尊重的。"正因为有了这样的认识，小林大悟接受了这份工作，而且他非常具有敬业精神，眼目低垂，饱含恭敬、虔诚、慈悲，一丝不苟地给死者擦身、化妆、穿衣，所有的举动都庄重准确、娴熟流畅，又不失温柔。

最终，小林大悟凭借这份入殓师的工作，不仅获得了财富和地位，赢得了众人的尊重和爱戴，而且还升华了自己的思想和精神境界。对此他的感悟是："当你做某件事的时候，你就要跟它建立起一种难割难舍的情结，不要拒绝它，要把它看成是一个有生命力、有灵气的生命体，要用心跟它交流。"

看，每一项工作都可以成为一种具有高度创造性的活动，当交付给你一项极平凡、极低微的工作时，你可以试着饱含热情地去理解它、对待它，这样的好态度会使你从它平凡的表象中洞悉其中不平凡的本质，使你从平庸、卑微的环境状况中解脱出来，不再有劳碌辛苦的感觉，而是尊重它、珍惜它。

在现实中，假如每个人都能把自己的工作当成艺术一样创作，那么我们的工作真的会成为一幅艺术杰作，最终赢得众人羡慕的目光。

4

工匠精神是一颗责任心

在现实社会中,我们每个人都要扮演不同的角色,而每个角色都有相应的责任,这是每个人都推脱不掉的,工作也是一样。作为一名员工,既然选择了一份工作,就意味着选择了相应的责任。何为"责任"?责任,即"分内应做的事",或者说是"应尽的职责",这是最基本的工匠精神。

例如,悬壶行医,就要视救死扶伤为责任;经商开店,就要以诚实守信为责任;站在三尺讲台,那么教书育人就是责任;头顶一枚军徽,报效祖国就是责任,等等。

员工的责任心,在具体的工作中表现为:对工作一丝不苟,认认真真,按时、按质、按量完成工作任务;兢兢业业,听从安排,肯于协作;对工作中的每一件事都会坚持到底,不会中途放弃,说到做到;能主动处理好分内与分外相关工作,在有人监督与无人监督的情况下都能主动承担责任而不推卸责任……

现如今,员工是否具有责任感已经成为诸多优秀公司选人、用人、留人的一个重要标准。例如,零售"航母"沃尔玛一度在《财富》杂志全球500强排名中名列前茅,它在全球许多个国家和地区开设分店总数达4000家。沃尔玛拥有世界上最庞大的员工队伍,人数超过 138 万，其中大部分都是临时工，而且很多人只有初中文化程度。沃尔玛对员工的录用很简单，但最重要的一项标准就是——有责任感。

责任感越强的人，在工作中越会追求精确和完美，表现得越加卓越。

在世界市场的竞争中，以追求完美著称的德国人正是一部活教材。面对奔驰和宝马汽车时，所有人都会感受到德国工业品特殊的技术美感——从高贵的外观到性能良好的发动机，几乎每一个细节都完美得无可挑剔，德国货在国际上几乎成为"精良"的代名词。是什么造就了德国货卓著的口碑呢？答案是工作的责任感。德国人以近乎呆板的严谨、认真闻名，他们不仅仅追求经济效益，更是用一种责任心来看待自己的工作，并把这种责任感完全融入产品的生产过程中。

能力相同的员工中，谁的责任感强，谁的工作就更出色。每个老板都很清楚自己最需要什么样的员工，哪怕你是一名做着最不起眼工作的普通员工，只要你担当起工作的责任，你就具备了一定的价值，就是老板最需要的员工，你就有可能被赋予更多的使命，就有资格获得更大的荣誉。

曾经有部风靡一时的电视剧，名叫《士兵突击》，里面的主人公许三多是个非常平凡的人，他从来没有什么远大的梦想，对未来也没有宏伟的规划，他每天所想的事情就是：做好今天该做的事。或许正因为如此，当他被调职到别人看来没有任何发展前途的草原五班时，他并没有沮丧，也没有失望，只是像平时一样，认认真真地做好每天应该做的事情。最后，他成功了，成为了草原最优秀的士兵。而剧中那些有着伟大蓝图，"聪明绝顶"的人却走回了原点，远远落在了许三多的身后。

许三多没有远大的理想，却最终成就了优秀的自己，而这一切都应归功于他的责任感。对于许三多来说，"做好今天该做的事"是他肩上的责任，他从不梦想成为将军，也从不渴望扬名立万，他只一心坚持，将作为一名士兵应该做的事情尽善尽美地完成。他的能力或许并不是最强的，他的脑袋或许也不是最聪明的，但他却凭借着坚韧的毅力和强大的责任感，在平凡的岗位上做出了傲人的成绩。

"美国文明之父"爱默生曾说过："责任具有至高无上的价值，它是一种伟大的品格，在所有价值中它处于最高的位置。"确实如此，任何卓越的工作成就都不是靠嘴说出来的，需要的是对工作负责任。无论什么样的工作，只有责任能够保证你的工作绩效，没有任何投机取巧的办法。

所以，无论你身居何种岗位，将责任感根植于内心，切切实实地投入到工作中吧，如此你将做出不同凡响的工作，这一点无须怀疑！

5

好好工作一定会带来下一份好工作

在许多的场合，会场也好，演讲也罢，或者说领导谈话，我们常常会听到一句话，"我发奋干好本职工作"。这也是工作中常说起的一句话。什么是本职工作呢？顾名思义，本职工作就是本人担任的职务或自我从事的职业工作。钟爱自我所从事的职业岗位，是做事创业的先决条件。

为什么这么说呢？在这里，引用一下国内著名培训师李强所说的一段话："当你拥有第一份工作的时候，你正在体现你生命的价值。当你做好一份工作的时候，你正在使你的生命升值。只有懂得工作是为自己的人，才真正能懂得工作是多么愉悦，生命是多么有意义。好好工作一定会带来下一份好工作。"

的确，任何人要想获得职业发展，唯一的机会就是以热情积极的态度投入工作，用心做好在职的每一天，踏踏实实做好现在的工作，不断地从中积累自己的经验，提升自己的能力，增长自己的学识。如此，才能成为同伴中的佼佼者，成为一个不可或缺的价值型员工，处处受到善待。

大学毕业后，凯特在一家大型的贸易公司当了一名文秘。在上班之前，爸爸曾告诉凯特在工作上一定要做到——"笨鸟先飞"，凡事主动比别人提前做准备，才会有成功的可能性。从上班那天起，凯特时刻提醒自己。为了达到这个目标，她经常早上提前半小时到办公室，在结束一天的工作之后，她还常常不怕辛劳，睡觉前一定会做好第二天的工作计划，准备好第二天要用的工作资料。对此，有的同事总笑她太傻："那么积极干吗？"面对这些，凯特总是一笑了之，从不辩解，只是继续做着自己认为应该做的事情。

半年后，经理准备参加一个本行业的重要会议，时间定在下周二。凭借着工作经验，凯特意识到经理可能需要一份会议报告，所以她提前着手做了起来，查阅了各种与本会议有关的资料。谁知临时有了变动，经理周五就得动身，此时已经是周四了。经理顿时心急火燎，这时凯特拿出早已准备好的那份资料交给了经理，经理一看准备得很全面。几天后，经理回来，第一件事就是把凯特提为经理助理。

一个人所从事的每一项工作对于他的人生都具有十分深刻的意义，工作是付出努力以达到某种目的，能够借之以获得成就才是最令人满意的工作。对此，文学大师齐格勒说过："如果你能够尽到自己的本分，尽力完成自己应该做的事情，那么总有一天，你能够随心所欲地从事自己想要做的事情。"

索拉是英国某一小镇的镇长，他出身贫寒，为了谋生他什么活都干，当过水手、伐木工、修鞋工，还干过店员、邮递员、律师等。有人问他为什么他能当上镇长，索拉说："每获得一次工作的机会，我都会怀着感恩的心情加倍地去工作，我能干好每一个我干过的职位,所以我也能干好镇长这个职位。"

索拉十几岁时当过一家杂货店的店员,虽然每天的事务总是很多,不仅要打扫卫生、整理货物,还要经常搬货、送货,但他没有叫过苦,勤勤恳恳地忙前忙后。有一次,一个顾客多付了几分钱,他为了退还这几分钱跑了十几里路。还有一次,他发现少给了顾客二两茶叶,就跑了几里路把茶叶送到那人家中。这样的勤快、诚实,不仅得到了老板的认可,还获得了周围顾客们的喜爱和称赞。后来,在一位顾客的介绍和推荐下,索拉成为了当地邮电所的一名邮递员,提高了自身生活水平。

索拉年轻时并未接受过多少正规教育,他通过自学使自己成为一个博学而充满智慧的人,并当上了律师。为了做好这份工作,他正如从事其他职业一样,坚持的首要原则就是勤奋,投入了非常多的精力。例如,今天能做的事,今天要做完,决不等到明天。处理往来的信函,决不能拖延。在经办符合习惯法的诉讼时,如果掌握了有关的事实,他就要立即写好陈述。如涉及法律的关键要害,他会立即查阅有关的书籍,并在陈述中注明依据出于何处,以便在需要时一定能找到。对于辩护和抗辩,也是如此。索拉在法庭上的机智、雄辩是有口皆碑的,这成为他政治上晋升的跳板。

索拉的成功向我们表明,做好本职工作,成功近在咫尺。

你善待你的工作,工作就会善待你。无论岗位的平凡与伟大,关键是你对工作的态度,就是在最平凡的工作岗位上,只要你热爱自己的本职工作,以一种无限的热情和积极的精神努力去做,你照样光彩照人,魅力无限。对于这样的人,人们无疑会愿意给予最大的发展空间和更多的晋升机会。

6

不感兴趣的工作，也要做好

　　找准自己的位置，做自己擅长的事情，并从中获得金钱、成就和自我价值，这对于许多人来说无疑是一件幸福的事情。但并不是每个人都这么幸运，由于种种现实原因，很多人在做着自己不喜欢的工作。例如，酷爱文学的人却做了一名数学老师，喜欢教学研究的人却做了行政管理工作……

　　在这种情况下，你会怎样想？怎样做呢？

　　对于这个问题，大多数普通员工会采取消极态度，对工作心不在焉，或者敷衍了事，过一天算一天。更有些人会任性地认为，既然某些工作是自己并不擅长，甚至可能并不胜任的，那么就干脆不做，推三阻四，消极逃避。结果呢？工作效率低下，越来越讨厌这份工作，很可能一辈子平平庸庸。

　　对于具有工匠精神的员工而言，做法就不同了。他们清楚地知道，没有一个工作是十全十美的，但任何一份工作都需要认真对待，所以他们不会逃避自己不喜欢的工作，再不擅长的事情他们也会对自己的行为有所约束，表现出积极、认真、严谨的工作态度，尽心尽力地去完成工作，进而做出一番成就。

苏珊出身于一个音乐世家，由于从小的耳濡目染，她非常喜欢音乐，并期望自己能够一生驰骋在音乐的广阔天地中。但阴差阳错，上大学时她被工商管理系录取了。尽管她不喜欢这一专业，但她学得很认真，不断补充自身的专业知识，不断提高自身的管理水平，每学期各科成绩均是优异。毕业时，优秀的她被学校保送到麻省理工学院，后来又拿到了经济管理专业的博士学位。毕业后，她又进入了自己并不喜欢的证券业，如今她已是美国证券业界的风云人物。

对此，有人很不解地问苏珊："你不是不喜欢你的专业吗？你不是不喜欢眼下的工作吗？为何你学得那么棒？做得那么优秀？这不是很矛盾吗？"

"不！"苏珊十分坚定地说，"老实说，至今为止我仍说不上喜欢自己所从事的工作。如果能够重新选择的话，我会毫不犹豫地选择音乐。但是对于工作，我们可以高高兴兴地做，也可以愁眉苦脸地做；可以充满兴趣地去做，也可以无趣地去做。对待工作必须要认真，不管喜欢不喜欢，那都是一定要面对的，我没有理由草草应付。"

正是因为具有这种"在其位，谋其政，成其事"的匠心精神，苏珊心平气和地做自己不喜欢的工作，进而更完美地实现了自我的价值。

无论我们喜欢什么工作，其实都是没有多大意义的，有意义的是"我现在在做什么""我该如何做好现在"。如果只是因为兴趣问题，考虑改变一下自己，去适应现在的工作；如果是自己基础不好、能力不够而导致兴趣不足，就想办法提升自己。如此，我们就有可能成为自己工作领域的优秀者。

事实上，在不擅长和不喜欢的工作中学习，对一个人的自我实现有更好的影响。

生性内向的周娟毕业于某大学的中文系，她的理想工作是办公室的行政类工作。但是理想很丰满，现实很骨感，周娟找不到行政类的工作，最后只好干上了自己最不喜欢的销售。第一次去拜访客户的时候，毫无实际经验的周娟碰了一鼻子灰，被客户一口拒绝了。周娟一向自视清高，从来没有尝过被拒绝的滋味，吃了"闭门羹"后大受打击，再加上对这份工作本身提不起任何兴趣，她顿时产生了辞职的想法。

周娟将自己的想法告诉了老板，老板并没有立即同意周娟辞职，而是语重心长地说："年轻人，当初你能通过层层面试进入公司，证明你是一个不错的人才。你怎么就知道自己干不好销售工作呢？要知道，只要你喜欢上一份工作，那么你肯定就会有所作为的。这样吧，我给你一个月时间。如果到时候，你还坚持认为自己做不好这份工作的话，我们再来讨论辞职的事情，好好干吧！"

听了老板的话，周娟决定再试一试，接下来，她开始有意识地劝说自己要喜欢销售工作。在面对客户时，她会有意识地要求自己谈吐优雅、幽默；当被客户拒绝时，她也会安慰自己这是正常的。周娟学习能力很强，接受新事物也很快，做了半个月的时间后，她能轻松应对各种客户了，并且还签了几个重要客户。特别是赢得了第一个客户后，她雀跃不已，心里的那种满足感更是一种享受。"原来，销售这么有意思，有挑战，也有成就感"，这下周娟觉得自己已经爱上了销售工作，并坚信自己能做得更好。

周娟的故事，对你有启发吗？

通常，我们不愿意做那些自己认为不擅长的工作，所以会心里发怵，以这种心态怎么能工作好呢？其实在很多情况下，这是因为我们对工作了解得不够深入。了解不够，做起工作来就会因为摸不着门路而碰壁，工作的积极性也就容易被打消，结果对它心生厌恶，误以为自己不擅长或者不喜欢罢了。

试着做好手头的工作吧，不管这份工作符不符合你的心意。当我们从心底认同一份工作，热情积极、全力以赴地投入工作时，往往就会做得不错。而且，在不断深入的了解中，我们会发现原以为枯燥乏味的工作中其实蕴含着很多乐趣，最终也将得到比别人更多的东西，从而更好地实现自我。

第四章 从新手到专家

匠人要有坚守

"互联网"的大潮风起云涌，一番大浪淘沙之后，
最终留下的往往是那些不随波逐流，
一直潜心做好一件事情、一个产品的匠人。
一个人想要面面俱到，那太不现实了。
十八般武艺，精一种便可无敌。
把一件事情做到极致，胜过把一万件事做得平庸，
到时你不用苦命争取，不用辛苦挣扎，
该有的都会有，该来的都会来。

1

简单的事情用心做，你就是专家

每个人都希望自己是职场中的精英，商场上的英雄，但并不是每个人都能如愿以偿。在不少人看来，我们每天上班所干的工作也许就是周而复始地重复着做一个动作，重复着说一句话，重复着办一件事，重复着走一条路，做的也许在别人眼里是既简单又容易的事，再怎么努力也无济于事。

殊不知，把简单的事情做好就是不简单，把容易的事情做好就是不容易。

过去，人们学手艺、学做生意，都有一项不成文的规定，一开始都是从打杂跑腿的工作做起。没有人喜欢做这样简单而枯燥的工作，而师父之所以规定学徒从扫地、擦桌子等简单小事做起，其用意在于磨掉新人的傲气和散漫，培养他们的匠心精神，这样才能为以后成大业打下良好的基础。

同理，一个公司是由各种各样的事情构成的，公司给你的最简单的事情都是给你的机会，都是对你的器重，对你的考验，将这些事情做好了，你也就展示了自己的才能，接下来迟早也会受到重用的。试想，如果一个人连那些简简单单的事情都没办法做好，那么领导怎么放心让你干重要的事情呢？

薛洋是一个影视工作室的后期剪辑实习生，他刚大学毕业，去公司不到几天，就发现公司里都是一些在后期剪辑方面已经做了七八年的行家。他想，自己在这种高手如云的地方一定能学到很多东西，毕竟近水楼台先得月嘛！进公司的时候薛洋就知道公司一定是从最基础的东西让他做起，但是却没想到基础得让他大跌眼镜。主管居然让他天天就端茶送水，而且一送就送了几个星期。

薛洋心里非常不平衡，但是自己是来学习的，虽然天天在做跑腿的事，然而相对于刚来时大家对自己冷冰冰的态度，现在因为自己满脸堆笑地送水送咖啡，大家已经开始慢慢真心地接受他了。这也是一个磨炼自己的机会，一个连水都送不好的人能干什么呢？在这种心态下，薛洋送水送得更真心诚意了，不但及时地送水换水，还把饮水机和办公室打扫得干干净净，从来没有在脸上表现出丝毫的不耐烦和抱怨。

一些好心人经常劝薛洋，说你真傻，得学学其他人，多与领导搞好关系，天天端茶送水能有什么发展，薛洋总是憨厚地笑笑。几个星期之后，公司领导觉得薛洋工作态度非常好，不久就开始让他剪一些简单的片子。不管多么简单的片子，薛洋都会认真地剪辑，力求最好，这慢慢成了他的做事风格，领导自然对他特别欣赏，遇到培训、学习的机会都会尽可能安排薛洋参加，他的成长非常快。

很简单的事情，用心去做，就能做出不一样的效果。所以，不要总是一天到晚不停地抱怨公司不给自己机会，领导对自己的重视不够，更不要对简单易做的事情不重视，甚至因为太简单、太容易，而不屑用心去做，敷衍了事。要主动调整好自己的心态，即使最简单的事情，也要做到最好。

越是平凡的工作越能考验一个人对待工作的忠诚度，越是简单的工作往往越能考察一个人的责任感。事实上，世上的难事都是由简单的事组成的，所有成功的人一定是坚持做简单的事，日复一日，年复一年，始终努力，才取得成功。把最简单的事情做好就是最不简单，但往往简单的事情是最不容易做好的。

把毫不起眼的事情做到极致，就是伟大，而机遇之门也随之敞开。所以，不管是一个想要成功升职的员工也好，还是一个想要不断发展的企业老板也好，最重要的是将重复的、简单的日常工作做精细、做专业，并恒久地坚持下去，做到位、做扎实。如此，你就是不简单也不平凡的成功者了。

2
一辈子做好一件事，就是了不起

一个人一生可做的事情很多，如今不少人都有这样的想法，自己最好身怀十八般技艺，头顶三四个职务或者身兼五六个身份，甚至恨不得将自己大卸八块，分别扔进不同专业的领地里去占个地盘。这样的人看似聪明无比，却不知做事杂乱无章，心居无一定所，最后往往所获有限，甚至导致身心崩溃。

你看过这样一则寓言故事吗？

一名游客穿越森林时把手表丢下了，后来被一只猴子捡到。这只聪明的猴子很快就搞清楚了这个"战利品"的用途，掌控了整个猴群的作息时间，并凭此成为了猴王。猴子相信是手表给自己带来了好运，于是它每天在森林中寻找，希望得到更多的手表。功夫不负有心人，它终于又找到了第二块，乃至第三块手表。但出乎意料的是，当面对三块手表时这只猴子反而有了麻烦和痛苦。原来，由于某种原因，每块手表所显示的时间并不是分秒不差的。如此一来，猴子根本不能确定哪块手表上显示的时间是正确的，整个猴群的作息时间也变得一塌糊涂，它的威望大降。

拥有一块手表可以准确地知道时间，但当面对两块甚至更多块手表时，反而却迷失了时间，带来了无尽的烦恼和痛苦。可见，一个人的精力、时间等资源是有限的，以有限资源追逐更多的目标，恐怕没有一个方面能取得让自己满意的成绩，这实在不是明智的选择。

怎么改变这一切呢？听听比尔·盖茨的建议吧，他说："如果你想同时坐两把椅子，就会掉到两把椅子之间的地上。我之所以取得了成功，是因为我一生只选定了一把椅子。在人生道路上，你应该选定一把椅子。"的确，因为选择了IT事业，他毅然放弃了哈佛学业，放弃了父母提供的优越工作……

回想一下，你是否每天都在忙碌，却又不知道自己真正在忙什么？这时候，你该好好思考一下，你是否为自己准备了两把"椅子"，甚至是多把"椅子"，贪心地什么都想要，想做的事太多或太杂了。如果你足够聪明，就应该学会选择；如果你足够勇敢，就应该学会舍弃，一辈子做好一件事。

人生真正有价值的东西在于质量而不是数量，成功其实不是什么难事，最重要的就是你要能够收住心，专心于一件事情。这样，所有的努力才能形成合力，才能达到常人无法企及的高度，现实中这样的例子举不胜举。

约瑟夫·雷杜德是法国的一名著名画家，他出身于一个画家世家，他的爷爷是画家，父亲是画家，所以他在很小的时候便开始学作画，而且他只做了一件事：画玫瑰，画玫瑰的根茎、叶子、花朵、果实等。父亲并不看好雷杜德画玫瑰，在他看来人们只爱看圣徒和英雄，没人会付钱给画家画玫瑰的。

但是，雷杜德却抓耳挠腮地研究玫瑰，耐心地画着一朵又一朵玫瑰。整整20年，雷杜德记录了169种玫瑰的姿容，花朵神采各异，颜色淡雅，色泽过渡自然，最终玫瑰成了他的巅峰之作，无人逾越。雷杜德也被称作"花卉画中的拉斐尔""玫瑰大师""玫瑰绘画之父"。

我们再来翻翻《财富》世界500强企业的简历，物流快递类第一名是美国联合包裹运送服务公司，它发展到今天一直坚持着一件事——用最快的速度把包裹送到客户手中，就把业务做到了全世界；世界第一强、零售业的老大——沃尔玛自始至终只做零售，钱再多都不买地，从不去做房地产，只走一条路；沃伦·巴菲特专做股票，很快做到了亿万富翁；乔治·索罗斯一心搞对冲基金，结果成了金融大鳄……

这些例子再一次为我们提供了有力佐证：成为价值型的员工不是什么难事，重要的是在面临人生的岔路时，要勇敢做出取舍，选定一把"椅子"。聚焦、聚焦、再聚焦，专注、专注、再专注。一个人一辈子做好一件事，就是了不起。如果你用十年只做这一件事情，想想看下一个"世界第一"会是谁？

3
找到自己的优势才是最重要的

什么样的人能够脱颖而出？什么样的人算是优秀匠人？

答案是，那些把事情做到极致的人。

什么叫作极致？就是做到最好，把问题弄懂，把技术学精，成为本行业中的行家里手。正如西方的一句著名谚语所说："如果你能够真正制作好一枚曲别针，这应该比制造出粗陋的蒸汽机赚到的钱更多。"不过，这里有一个大前提，就是你得找到自己的优势所在，做自己最擅长的事情。

举一个简单而形象的比喻，企业就像一部汽车，每一个员工就像汽车上的各个部件，只有在适合的位置上才能发挥应有的作用，才能使汽车高速稳定地行驶。再强有力的发动机，如果安在了排气管上，也只能成为累赘；再不起眼的螺丝钉，如果离开了它的位置，也可能造成车毁人亡的悲剧。

不要一味地追求貌似很风光的位置，那个位置也许高处不胜寒，不能最大限度体现你的自我价值，那么它就不是一个好位置。工作就像是一个舞台，你最擅长的如果是幕后策划，就不要勉强站到台前的聚光灯下，不擅长的那个位置，不仅不能让你有更多的价值体现，还可能把工作搞砸。

谢凡是一家知名化工厂的技术人员,他理论功底扎实,实际经验丰富,厂里每次遇到解决不了的技术难题,第一个就会想到向他求教,而他每次都不负众望,总能顺利地解决那些棘手的问题。同事们都戏称他为"谢大师傅"。当然,领导对谢凡也非常器重,给了他很好的薪资待遇。

但是谢凡认为自己不应该一直只搞技术,而应该做一做管理工作才行,毕竟管理层的地位更高,而且工作比较轻松。正好,厂里人力资源部门的一位主管退休了,谢凡听到这个消息非常兴奋,他认为自己的机会终于来了,于是积极地向领导提出了岗位转调申请。虽然领导再三劝说谢凡要三思,管理工作不是谁都能做的,但谢凡再三保证自己会努力做好这份工作。最后领导妥协了,答应让他试试看。

刚到人力资源部后,谢凡感到意气风发,充满了干劲。然而上任一周之后,谢凡发现自己根本不是这块材料,每天面对着一堆材料急得抓耳挠腮,根本不知道如何下手,而他的下属都眼巴巴地等着他的号令,他却连自己的事情都安排不了。结果是,整个人力资源部像瘫痪了一样。

谢凡还算理智,赶紧找到领导说明了情况,又调回了原来的部门。在技术部门,谢凡又恢复了如鱼得水的工作状态,还是那个人人尊敬的"谢大师傅"。

事例中的谢凡,原本最适合他的位置是技术工作,他却非要去管理部门,结果不能胜任,搞得部门趋于瘫痪,自己也灰头土脸。好在他及时认识到了自己的问题,又回到了自己最适合的岗位，只有在这个岗位上他才能发挥出自己最大的能力，为厂里创造最大的效益，最终实现自己的价值。

是的，在这个世界上，每个人都有自己独特的才能，每个人都有一个最适合的工作岗位。擅长管理的就做管理，擅长财务方面就让他做侧重于金融财务方面的工作。不一样的人做同样的事，采用的方法自然不同，产生的效果也就不同。所以，每个人都应找到自己的优势，使工作效率最大化。

他出生在一个偏僻的山村，是一位地道的乡下孩子，父母希望他能够努力读书，做一个有学问的人，改变自己的命运。但是，很快他发现自己不爱读书，也读不好书，他开始在书本、作业本的空白处，画各种人物头像。看着自己的画作，他觉得满意极了。一个男孩子居然学画画，这在农村人看来是荒唐可笑的，但他不以为然。考入初中后，他不停地阅读各种漫画书，学习名家的画作，后来他将自己的作品寄给出版社。令人意想不到的是，他的画稿不断地被采用。这时，他意识到画画是自己的爱好，也是自己的一个本领，他决定辍学了，以画画为生。

后来，他顺利地在一家漫画出版社找到了工作，为了提高专业水平，他自修了大学美术系里的所有课程。一天，他在报上看见著名的光启社招聘美术设计人才，职位要求必须是大学本科毕业和有两年以上工作经验的。只有小学毕业证的他，抱着作品前去应聘，他说："我没有文凭，可是我热爱美术，我实力超强。"结果，他击败了29名大学生，如愿进入光启社。不久他成立了"远东卡通公司"，他制作的卡通片《老夫子》创下电影界有史以来的最高票房，并由此获得当年的最佳动画片金马奖。

声名鹊起后，他并没有停下追求的脚步，而是选择了闭关。在闭关的日子里，他就是疯狂地做一件事——画画。三年的时间里，他将不少中国古籍经典都画成了漫画，如《庄子说》《老子说》《大醉侠》等，这些图书总销量超过了 3000 万册。同时，他还积累下了大约 14 万张画稿、1400 万字笔记，创作量之巨令世人震惊。他因此成为中国有史以来卖书最多、版本最多的作家。他，就是中国台湾著名的漫画家蔡志忠。

蔡志忠为什么能够取得令世人瞩目的成就，成为漫画界的知名人物？原因很简单，他依照自己的特长选择了画画这一职业，找到了自己合适的位置，进而把自己最擅长的事情做到了极致。这正验证了蔡志忠所说的一句话："每个人其实都可以用一把刷子混饭吃，关键是要尽早找到这把刷子。"

如果你勤奋异常，但仍对自己所在的行业感到吃力，如果你努力工作，但仍在自己的岗位上无所建树，不用太沮丧，也许你只是没有找到自己的优势，没有找到自己擅长的位置。这就需要你全面、深入地了解和发掘自己，了解自己的优势和不足、个人能力以及满足哪种工作岗位的要求等。

你可以拿出一张纸，仔细思考以下问题，并将要点记录在纸上：

你喜欢的工作是什么，你希望从中获取什么？

你最擅长处理哪些问题？最不擅长处理哪些问题？

……

正如许多分类一样，以上分类无好坏之分，只是为了帮助你清楚地认识和了解自己，并据此把注意力集中在自己擅长的事情上，进而创造出最大的自我价值。例如，会唱歌的把歌唱好，唱出特色；会跳舞的把舞跳好，跳出精彩；会说话的把嘴练好，说出成果；会打球的把球打好，打出成绩。

找到自己的优势所在，你也能成为优秀匠人。

4
匠心精神就是做好每一件小事

　　人的一生是由无数件小事构成的，我们需要做的就是尽力做好每一件小事。

　　众所周知，军人叠的被子是非常有特色的，四四方方、有棱有角，俗称"豆腐块"。在军队里，叠被子是部队日常管理中非常重要且独具特色的一项内容，对于被子的形状有着严格的要求，形状不过关，被子是需要重新叠的。很多人认为，叠被子不过是件琐碎的小事，军人将时间和精力浪费在这样微不足道的小事上，倒不如实实在在地去练习射击、搏斗等战场上的实用技能。

　　诚然，叠被子是件小事情，表面上看对士兵没有任何实际意义上的帮助。上了战场，我们也不可能因为被子叠得漂亮而震慑敌军，但在叠被子这件小事的背后所隐藏的意义，却是造就纪律严明、坚韧不屈的钢铁之军的关键。正是这样的琐碎小事，才能磨炼出人坚强不屈的意志和坚持不懈的精神。

　　身在职场，很多人都希望获得赏识，渴望证实自己的优秀。可是，很少有人一上来就有做成大事的能力。很多人心浮气躁，恨不得一口吃成个胖子，恨不得一夜做出不朽的业绩，这是不可取的。要想增加获得赏识的机会，就要把每一件小事做好，在小事中为自己争取崭露头角的机会。因为任何一件大事，都是由一件件小事组成的。把小事情做到极致，如此才能成就大事。

事实上，很多成功者并不是从一开始就卓越非凡，他们多数也是从做好小事情开始的，但是他们与急功近利的人不同。他们拥有一种匠心精神，往往能够把小事情做到极致，做到完美，从而一步步为自己赢得做大事的机会。试想，连那些不起眼的小事情都能做到极致，那么做大事也就自然不在话下了。就这样，他们完成了从丑小鸭到白天鹅的蜕变，取得了令人瞩目的成就。

报纸上曾经刊登过一个真实的故事，题为《泸州最牛清洁工人》，主角是一个名叫李美华的清洁工。这名清洁工出身于农村，文化程度不高，甚至可以说无一技之长，但他的月工资却高达上万元，累积资产也达到了数百万元，收入远远超过了一些大城市的白领。他是怎么做到的呢？

据采访，李美华起初进城打工的时候，并没有多大的宏伟目标，他只希望能挣点钱，好把老家的砖瓦房改造一下。进城之后，他先是承包了一个小区的垃圾清运工作，每天兢兢业业地干活，赢得好的口碑之后，他又相继承包了第二个、第三个……他每天都要工作十几个小时，凭借着自己的勤劳和务实，李美华赢得了众多小区物管的信任，垃圾清运工作也越做规模越大，最终成了泸州有名的垃圾清运工。

"成为一个百万富翁"不是一件容易的事，即便你大学毕业，博学多才，想要白手起家让自己成为一个百万富翁恐怕也是非常困难的。但李美华却做到了，他所做的不是什么高端的事情，也不是什么惊天动地的大事业，他只是依靠一双勤劳的手，和对工作认真负责的态度，从清运垃圾这件在众多人眼中都微不足道的小事，开创了属于自己的大事业，抵达了很多人都难以抵达的成功的彼岸。

大事作于细，难事成于易，任何伟大的成就都是从琐碎的小事开始的，如果连小事都不能脚踏实地，做到完美，我们又有什么资格和能力去承接大事呢？

一个人对待小事的态度，往往体现了他对待工作、对待人生的态度。一位上市公司的老板曾这样对他的员工们说："你们能力不够，公司可以提供培训学习，让你们的能力有所提高；你们信心不够，公司可以多给你们机会，为你们提供助力；你们对工作制度感到不满意，公司可以提供一个平台和机会，和你们共同探讨研究……但如果你们的工作态度有问题，那么，不管你们有多优秀的能力、多丰富的经验也是毫无意义的，因为你们根本不会竭尽全力地去做事，去为公司谋取利益。"

不管你所从事的是什么工作，态度远远比能力更加重要。也许，你每天所做的可能就是接听电话、填制报表、支付款项之类的小事，你是否对此感到厌倦，心里有了懈怠？务必请记住：这就是你的工作，而工作中无小事。一个人的能力可以有大小，但绝不能忽视工作中的任何一件小事。

其实对于我们个人来说，通过做小事，恰恰可以积累经验，磨炼自己的耐力和韧性，锻炼自己处理问题的能力，培养自己完美的执行力水平。当我们能把每一件小事当作大事那样重视，做到极致，那么自然也就渐渐具备了做大事的能力，你就会发现再大的事情都不难办，自然也就能马到成功。

5

一招鲜，吃遍天

现在的社会是人才涌动的，在就业压力下，要想在社会上立足，那就必须得有一技之长。老一辈的人经常提及"一技之长好防身"，意思就是说，不管在哪个行业，如果一个人有技能，那么最起码不会饿肚子，不会找不到工作。

有位大侠赫赫有名，慕名前来的挑战者众多。一日来了一人，大侠就问他过去都练过什么，那人说："我过去十年练了十八般武艺，你要小心了。"

大侠微笑，没几下就将那人打垮。

一日又来一挑战者，大侠依然问他过去都练了什么，挑战者说："我过去十年什么都没练，就用心练了一个铁头功。"

大侠一听，二话不讲，俯首认输。

这个故事告诉我们精修"一门功夫"，掌握"一门绝技"，你就是不可战胜的高人。

很多人也正是凭借自己的一技之长，成为了人所共知的成功人士。

> 在一个国际大饭店，有这么一个很不起眼的小伙计，他既不会炒菜，也不会做饭，只是给大厨打打下手，做一些洗菜择菜的工作，有时帮忙端盘子上菜，不过他却深得厨师长和饭店经理的重视。为什么？这个小伙计有自己的一手绝活，就是做苹果甜点。这个不起眼的小点心酸甜可口，营养丰富，深得那些女食客们的喜爱，甚至有人为了能吃上这个甜点在这个饭店里租了一套客房。

出色员工的与众不同之处在于，一招鲜，吃遍天。

想做理想的工作，可是却没有一技之长，这是很多人的悲哀。要想改变自身的命运，你需要手里抓住一根绳子，哪怕是一根草，才有可能把你拉出来。绳子越硬，你抓得越紧，你获救的希望就越大。当你真正拥有了一技之长，你的生命或许会出现很大的不一样。那一技之长，就是能够把你拉出泥潭的绳子。

这个世界是不平等的，因为每个人出生后，所拥有的东西都不一样，如背景、资源等。但是它又是平等的，因为这个世界运转规律很简单。你能够为他人创造价值，你就能获得相应的回报。而你能为他人创造价值的依托，就是你的一技之长，你拿得出手的本事，这是你在竞争中取胜的本钱。

问问自己，在未来的十年甚至几十年职业生涯里，你是否有与众不同的技能，能够让你在未来的发展中立于不败之地？如果还没有，那就潜下心来，好好钻研打磨，一路坚持修炼下去，总会有所收获的；也希望修炼还不到家的朋友，能够沉得住气，继续修炼，总会达到一剑封喉的境界。

6

用心做好服务，你会惊喜不断

一个企业，一个人，要想成功推销自己的产品，有两点最重要，第一是拥有好的产品；第二是提供优质的服务。尤其在产品趋同、竞争激烈的互联网时代下，市场份额被瓜分得越来越小，要想争取一席之地，就要真真正正地用心服务客户，否则，客户有什么理由对你情有独钟？

在杭州，有一家叫作"好再来"的饭店，每天都有大量的新老顾客盈门，生意十分红火。

一天，有朋友问饭店经理："周围这么多的饭店，你家生意最好，你有什么诀窍吗？"

饭店经理笑笑说："我没有什么诀窍，不过我倒是有一条五个字的服务经验总结。"

"五个字？不会吧，只需要五个字就能做好这么大的生意？"朋友惊讶地问道。

饭店经理幽默地掰着手指头数，"听好了，这五个字是听、口、音、下、厨"。

朋友还是不解，问："听口音下厨？有什么特别之处吗？"

饭店经理答道："如对湖南口音的顾客，我们会注重在汤汁中多放一点干辣椒；对山东口音的顾客，我们会在上菜时，放上一盘酱和几根大葱。吃饭的顾客，来自天南地北。酸、甜、苦、辣、咸各有偏爱。只有摸清了他们喜欢的口味，并投其所好，才能受到他们的喜爱和欢迎啊！"

服务，不仅是促销的手段，而且充当着"无声"的宣传员，可以赢得回头客，吸引更多的消费者。用心服务好一位客户，你就会收获源源不断的惊喜。

这就涉及销售学上的"250定律"——每个人都有自己的交往圈子，每一个客户都不是单一的人，在他背后，大体上都有250个亲朋好友，这些人又会有同样多的关系。如果赢得了一位客户的好感，就意味着赢得了250个人的好感，形成一种"不断追踪老客户—不断获得转介绍—不断开拓新客户"的良性循环，这是一大群潜在的客户。可见，每一位客户都是一座"宝藏"。

孙岩是某家汽车4S店的业务员，自从进入销售行业以来，他就一直在思考这么一个问题：你凭什么让客户选择你？你又凭什么让客户信任和依赖你？因为在同4S体系竞争的时候，最伤脑筋的就是同质化竞争太激烈，客户选择4S店甲、4S店乙或者4S店丙，基本上没差别。"互联网+汽车后市场"刚兴起时，大家为了破局，于是上门洗车、上门保养、上门维修等成了"主流"，方便快捷，价格便宜，保证质量。但说实话，这个又不只是你一家能做到，客户凭什么必须选择你，而不是别人？

后来，孙岩将工作重点放在了服务上，他以真诚热情的态度对待自己的每一位顾客，认真负责地为他们讲解不同的车型，各自的功能。每当有顾客从孙岩这里买走一辆车后，他都会努力针对顾客的情况建立系统的档案，里面记录了顾客的姓名、家庭成员、性格、爱好、习惯、兴趣等。在顾客签完字尚未走出店门，孙岩就已经备妥"铭谢惠顾"的短函，而且此后每个月，这位顾客都会收到用不同形式、颜色的信封所装的问候卡，卡片内容也是煞费心思，通常他会用"我喜欢您"起头，至于内容则依时令而定，正月"祝您新年快乐"，五月"端午节快乐"，等等。他说："我的目的很简单，我只想告诉我的客户们我喜欢他们，希望他们知道我一直都在，希望他们不要忘了我。"

不仅如此，每次销售完成后，孙岩都要接着问客户一句："我们的服务你还满意吗？"出新产品时也会咨询一下他们的意见，如"本次打算这样变更，您是否满意或者有没有更好的意见？"设置更多的优惠措施，如折扣、赠品等，当有促销活动或优惠政策时，第一时间通知客户等，这些方法不仅营造了彼此融洽的关系，还让客户感觉到他的真诚、诚信、责任，进而成为了长期的主顾，并主动介绍新顾客给他。每当客户介绍新生意给自己时，孙岩也会付一定数额的谢金。

就这样，通过这种口碑相传，孙岩无微不至、周到极致的服务人尽皆知，许多购车者都纷纷前来他这里买车，最终孙岩变成了店里业绩最好的推销员。

客户的忠诚非一朝一夕之功，需要我们把服务真正做到极致，并持续性地运营下去。经常去拜会一下客户，每周发送一下关心短信，平时过节送上祝福，客户生日时送去蛋糕或贺卡，生病时及时前往看望……努力将服务做到极致，相信你的事业定会大有改观，甚至坐着就能轻轻松松收钱。

第五章

把细节做到完美

匠人要有追求

在喧嚣浮躁的互联网时代，太多人习惯了敷衍了事、
得过且过，很多工作也处于一种被动的状态。
工匠是如何工作的？他们注意细节、精雕细琢、
追求完美、追求极致，努力到无能为力，
严苛到无以挑剔。
以工匠的标准要求自己，谁能够抢先达标，
谁就将立于不败之地。

1

像瑞士手表一样精准

全世界的出口手表中,每十块就有七块来自瑞士。瑞士手表的计时十分精准,被称为"世界上最准时的手表"。为了保障手表的准时,制表商们采用不锈钢、铜、铝等材料生产的零件,精密度达到0.002毫米,相当于头发丝的1/40,需要在显微镜下生产。最小的滚珠,每克原材料能做出一千多颗。

精准,是流淌在瑞士人血液里的特质。无需赘言,从瑞士手表、瑞士军刀到精密仪器,瑞士人都将精准体现得淋漓尽致。在瑞士,公交车、火车以及出租车等所有的公共交通在通常情况下都是准点的,而且站台的时刻表会清楚地标明每个小时第几分钟会来车。因为周末车次少,他们还会把周六、周日单独分成两列。只要提前规划好,你不用担心公车晚点,不用担心堵车迟到。据说,有一次某城市的火车因意外晚点了五分钟,火车公司在报纸上登了个很大的道歉声明。

苏珊·简·吉尔曼是一名美国作家,过去11年来,她一直住在日内瓦。她满怀敬意地回忆说:"瑞士人做每件事都很守时,如果有人和我约定下午两点见面,他们绝对会在两点到,而不会是2:05或1:55。"有一次,吉尔曼预约了牙医,因为晚到了十分钟,就没法看了，又得重新约，而且她还被医生当成怪物一样看了半天。牙医很疑惑地说："我从来没见过晚这么久的人呢。"如今的吉尔曼守时到近乎苛刻。"说什么时候到，就什么时候到，我非常尊重别人的时间。"她说，俨然一副瑞士人的口吻。

到底是先有准时的钟表，还是先有准时的瑞士人？这很难说，但是结果都一样：这个国家的火车和一切事物真的一直都在准时运行。没有了时间的浪费，没有了精力的浪费，试问这样的效率是不是每个公司所向往的呢？试问在这样的效率下，经济能不飞速发展吗？人们能不安居乐业吗？

按时上班、按时赴约、按时参加会议等，守时是一个人的基本道德品质，更是员工在职场上立足的基本素养。然而，很多人在工作中做不到，他们经常挂在嘴上的是各种各样的借口："不好意思，路上堵车了，我迟到了""今天睡过头了""我记错时间了"等等。诚然，谁也不能保证预料之外的情况发生，但是将时间观念置之脑后，对工作不守时既是对他人的不尊重，也是对工作的不负责任。

搭车不守时，公交车开走了，你不能顺利到达目的地，会很麻烦；约会不守时，会无端浪费别人的时间，带给别人不好的印象；会议不守时，同样会浪费大家宝贵的时间，导致会议无法如期开展，工作效率低下。可见，一个人一旦不守时，很多事情就无法顺利完成，守时实在是太重要了！

对于那些有匠心精神的人来说，守时尤为重要，不少人把严守时间当作工作的座右铭。因为他们深知，"一寸光阴一寸金，寸金难买寸光阴"，人生的每一分钟、每一秒钟都是极其宝贵的。他们之所以优秀，就归功于他们像瑞士手表一样精准，在工作上对时间的有效控制，从而变成了时间的主人。

三十多岁的康妮经营着一家大型服装厂，开着宝马，住着别墅，俨然是众人眼中的女强人。更令人艳羡的是，她的生活十分有情调，经常和朋友们吃饭、喝茶、聊天，每年还会出国旅游一两次。每当人们说康妮命真好的时候，她都是微微一笑，然后摇摇头。因为她知道，今天幸福的生活不是自己命好，而是自己努力挣来的。她在有限的时间里做更多的事，所以赢得时间能够给予的一切。

康妮曾经在一家服装厂任部门主管，每天醒来都觉得工作的事情很烦乱，为此只要从早上睁开眼睛的那一刻起，她就会督促自己要马上行动起来。康妮坚持每天五点起床，她会花一个小时的时间阅读公司的邮件，接着查看新闻、进行锻炼、做早餐，并照顾好儿子。而且，所有这些事情都会在八点半之前完成。她每天都会把自己一天的工作安排好，什么时候一定要做什么事，并且一直严格要求自己。当别人还在做梦的时候，康妮已经克服朦胧的睡意，开始了一天的计划和行动。她每天都能把事情做到别人前面，因此她看上去总是那么从容惬意，自然处处受到欢迎和欣赏。

在工作期间，康妮常于下午四点在办公室召开会议。只要规定时间一到，她不管人是否到齐，便按时开会。有一次，康妮邀请手下的几位小组长一起开会，并且告诉他们，会议前半小时一起用餐。时间到了，那几位组长还未到，康妮便一个人大吃起来。等那几位组长来到后，她非常不客气地让助手将饭菜端了出去。"现在聚餐的时间过了，咱们开始研究事情吧。"就这样，这几位迟到的组长只好饿着肚子商讨事情，以后谁也不敢再迟到了，也开始学会珍惜时间。

后来，康妮意识到这份工作太没有挑战性了，虽然整天坐在宽大明亮的办公室，不用风吹雨淋，有大把大把的休闲时间，但相对地，赚钱少，升值机会小，发展难。不久康妮果断辞职，注册成立了一家服装公司。为了学会市场营销的基本常识，康妮自学几十万字的材料，让自己从一个门外汉变成一个行家；为了多争取一个客户，她骑着电动车，走街串巷，叩开了一家又一家服装店的大门；为了签下一个大订单，她过春节时自己一个人在他乡，冒着被偷、被抢的风险，租住在偏僻的城中村……康妮的栉风沐雨很快换来了回报，早早走上人生巅峰。

为什么康妮能早早取得让无数女人望尘莫及的荣耀？正是因为她在最短的时间内不断付出行动，让自己的每一刻时间都精准，都有价值。正如康妮自己所说："年轻时就要争分夺秒去拼搏，我对每一件事都会告诉自己立刻去做，很快我就发现，我的每一天都充满了行动力和活力。"

时间就是生命，时间就是金钱，对别人的时间表示尊重，也就是对别人的生命表示尊重。这样的人，自然容易得到别人的好感和信赖，赢得更多的成功机会。

2

让任何质量不好的产品面市都是一种耻辱

当今的世界,是开放的世界,发展浪潮波涛汹涌。

如果说水是生命之源,那么质量又何尝不是企业的生命呢?企业以质量谋生存。

任何企业,若想在星罗棋布的同行中立足,就要做到不准任何有瑕疵的产品出厂,凡上市的产品必须百分之百的合格,这是企业长久保持信誉的根本。试想,如果产品质量把关不严格,生产出不合格的产品,投入到市场中,损害了消费者的利益,那么企业的形象也会一落千丈,产品滞销在所难免。

质量是企业员工生产出来的,而不是检验出来的。要产出高质量的产品,就需要每一个员工具备工匠精神,增强产品质量意识,一丝不苟,精益求精,最大限度地保证产品质量,以质量求发展,以质量赢市场,以质量要效益。始终保持优质高效,才能在激烈的市场竞争中立于不败之地。

我们先来看看下面这个故事,或许你可以从中获得一些启发。

美国某家公司在韩国订购了一批高档玻璃杯,为了确保产品的质量,美国公司特意派人到韩国监督生产事宜。这位监督人员来到韩国之后,发现这家工厂的技术水平和质量都是顶级的,几乎没有可以挑剔的地方。

当他来到生产车间时,发现一名工人正在将一些杯子从生产线上挑下来。他上前观察了一番,发现挑出来的杯子并没有什么问题,于是便好奇地问道:"这些杯子有什么问题吗?为什么要将这些杯子挑出来呢?"

工人一边工作一边回答说:"这些杯子都是质量不过关的。"

监督人员不解地问:"可是我并没有发现它们与其他杯子有什么区别啊?"

工人则回答说:"这些杯子多了一些气泡,如果不仔细观察就无法发现。虽然这并不影响杯子的正常使用,但是却影响杯子的品质。"

随后监督人员向该公司的管理人员询问了这件事情,管理人员真诚地说:"我们公司的宗旨是一定要将工作做到最好。在工作中,绝不允许杯子存在任何缺陷,哪怕是顾客看不出来的,我们也绝不允许。因为让任何质量不好的产品面市都是一种耻辱。"

事后,监督人员向美国公司汇报说:"这家公司的玻璃杯完全符合我们的检验标准和使用标准。一个普通的员工即便在无人监督的情况下,都可以将有一点瑕疵的杯子挑出来,保证每一个产品的质量,这样的企业又怎么会不负责呢?我们又有什么理由不信任呢?我根本没有必要留在这里了。"

质量是产品的生命，是竞争力的保证，它直接影响到企业形象及产品形象。正是因为这家公司的每一位员工都精益求精，保证每一件产品的质量，所以才赢得了客户的信任和支持。

陈阳是一家家具生产厂的老板，公司的口号是"宁愿不当第一，但质量要第一"，意思是说在产品开发上，可以不争先，不赶超进度，但是产品的质量一定要保持优良。

家具厂创办之初，陈阳就以高标准要求自己，力争使企业成为行业中的佼佼者。他认为，不落实产品质量，靠一些小伎俩忽悠消费者的行为只会带来产品销量的暂时提升，不利于企业的长期、可持续发展。为了确保产品质量，陈阳对木材严格把关："我们用的板材都是国内最好的质量，都是E0级别的，甲醛释放量达到国际标准，属于所有产品中最高的环保等级，而且不变形不开裂。"

在陈阳看来，让质量不好的产品面市不仅是对消费者的欺骗，也是自身的一种耻辱。为此，厂里坚持做到不合格的零部件坚决不用，不合格的产品坚决不出厂，各车间、班组设立了层层质量保证机构，派有专人检验质量，从上到下形成了一个质量控制监督网。陈阳的家具厂在全国设有一百八十多个经销处，他规定每个经销处必须定期报告对产品质量的反映，提供有关质量分析报告，这些信息也很快反馈回生产部门和设计部门，使新型家具产品在质量上更上一层楼。

由于所生产的家具得到消费者的广泛好评，而且回头客越来越多，陈阳的家具厂业务销量越来越大，在短短五年的时间内就从往日的小厂子发展到今天拥有数亿财产的大企业，陈阳也因此成为著名的企业家。

任何一个企业，在组织产品生产时，总会存在质与量的选择：要么求一时之利而自毁企业之发展；要么重视质量，精心耕耘，按照行业的质量管理标准严格执行，进行贯标、达标。而这样做的企业，看似麻烦了一点，其实也正是这点"麻烦"，使企业能够赢得客户和消费者的信任。

一个具有良好口碑的企业，会视用户为亲人，千方百计为他们提供优质的产品，不造假，不制伪；一个具有良好职业修养的员工，会视质量为生命，认真负责，做到极致，不偷懒，不苟且。不接收不合格品，不制造不合格品，不交付不合格品，这是竞争制胜的关键，是永无止境的追求和尊严的起点。

3

行走在通向完美的路上

胡适先生曾经写过一篇传记题材的寓言《差不多先生传》，讽刺了当时社会上做事不认真负责的人。故事中的主人公常常说："凡事只要差不多，就好了。"

小时候，妈妈让差不多先生买红糖，他却买回了白糖，并且说："红糖白糖不是差不多吗？"上学的时候，先生问他："直隶省的西边是哪一省？"他说是陕西。先生说："错了。是山西，不是陕西。"他说："陕西同山西，不是差不多吗？"在做伙计记账的时候，他常把"十"字当成"千"字，掌柜的常常责骂他，他却笑嘻嘻地说："千字比十字只多一小撇，不是差不多吗？"……最后，他得了重病，家人跟他一样，把兽医王大夫当成给人治病的"汪大夫"，最后他活活被治死啦！

当我们读到这个故事时，都会觉得这个"差不多先生"实在荒唐可笑。可在实际工作中，却有很多这样的"差不多"先生。这些人每天准时上班、准时下班，但是却只是应付差事，做事总是觉得"差不多"就好，不能严格按照工作标准来完成工作，做事不到位、不精细，最后什么工作也做不好。

我们来看下面的例子：

> 苏珊在一家贸易公司做秘书，一次公司的采购到东北一家小麦产区采购小麦，产家负责人给出的价格是一吨小麦1000元，采购拿不定主意，于是给公司老板发电子邮件问："小麦每吨1000元，价格高不高？买不买？"老板调查了一下市场价格，对苏珊说："哪有这么高的价格，现在最高的价格也不到900元，通知采购员，不行，就说价格太高！"于是，苏珊赶紧给采购发了一封电子邮件。
>
> 没过几天，采购带着签订的购销合同回来了。老板莫名其妙，追查原因才知道，苏珊发的邮件本应该是"不，太高"，但她却发了"不太高"，在"不"字的后面少了个逗号，采购以为价格不高，于是便和产家签好了合同。如果履行合同，公司将遭受100多万元的经济损失，后来经过多次协商赔偿了对方10万元才算了事。当然，苏珊不仅挨了领导批评，还被公司辞退了。

"不太高"和"不，太高"不是差不多吗？可意思却相差十万八千里。

这里有一组数据，可以让那些认为"差不多"的员工大吃一惊。在美国，如果99%就够好的话，那么，每年大约会有11.45万双不成对的鞋被船运走；每年大约会有25077份文件被美国国家税务局弄错或弄丢；每天大约将有3056份《华尔街日报》内容残缺不全；每天大约会有12个新生儿被错交到其他婴儿的父母手中；每天大约会有两架飞机在降落到芝加哥奥哈拉机场时，安全得不到保障……

不论是个人还是企业，如果满足于99%的工作成绩，就会把自己放在一个看似很美好，实际上却很危险的境地里，因为那一个被忽略的1%，也许正是压垮骆驼的最后一根稻草。只有不满足于99%，才是真正对工作负责任，才能激发出更大的潜力，最终使自己获得丰厚的回报。

价值型员工与普通员工的一个重要区别就是，在价值型员工的字典里，从来没有"差不多"的说法，对于他们来说，无论做任何事情，哪怕差一分一毫，都和没有做无异。他们不会有任何的轻率疏忽，不会满足于做到八分、九分，而是力求达到最佳境地，努力做到十分，做到完美，做到极致。

世界上没有完人，也没有完美无缺的工作。我们并不否认，在一些事情上，没必要花费百分之百的心血也可以完成，甚至也会让领导满意。可是你要知道，追求完美是一种重要的工匠精神。艺术家在创作的时候，总是不断追求完美，不断修改自己的作品，直到达到心中完美的要求，最终也借此成就自我。

一天，法国著名雕刻家罗丹邀请挚友——奥地利作家斯蒂芬·茨威格到他家做客。在一间简朴的大屋子中，罗丹热情地向茨威格介绍自己的作品，有已经完成的雕像，有刚刚完成大概轮廓的雕像，还有一些人体局部的雕像，比如一只胳膊、一只手、一个手指，等等。在这间工作室中，茨威格看到了罗丹对于雕塑的热情和对于艺术创作的追求。

之后，罗丹带着茨威格来到一个台架前，兴奋地说："这是我最近完成的作品，我相信你一定认为它是完美的艺术品。"说完，他将盖在雕像上的湿布揭开，一座姿态优美、惟妙惟肖的女人雕像立即出现在他们面前。

罗丹绘声绘色地介绍这座雕像，突然他停顿了下来，对茨威格说："这肩上的线条有些粗糙。不好意思，请你稍等一下。"于是，罗丹立即拿起刮刀、木刀片轻轻划过软软的黏土，给肌肉一种更柔美的光泽。他健壮的手动起来了，他的眼睛闪耀着智慧的光芒。随着一块块黏土的掉落，雕塑变得越来越生动。

"还有这里也需要修改，还有这里……"罗丹把台架转过来，又修改了一下。时而，他的双眉苦恼地紧蹙着。他捏好小块的黏土，粘在塑像身上，又刮开一些。他完全陷入了创作之中。罗丹的动作越来越有力，情绪更为激动，如醉如痴，他没有再向茨威格说过一句话。

就这样，一个小时、两个小时过去了……最后，罗丹看着这座完美的雕像，脸上充满了欣慰的微笑，才舒坦地扔下刮刀。当他转过身看到了茨威格时，才想起自己正在会见客人。他不好意思地说："太对不起了，我完全把你忘记了，可是你知道我必须确保我的每一件作品的完美。"

无疑，正是对完美的执着追求，成就了这位伟大的艺术家。

工作的过程也是一个创作的过程，和艺术家创作的时候一样，都需要一种精益求精的精神。追求完美是一个坚持不懈的过程，对工作精益求精，时刻想着把工作做到完美。当我们每改掉一个工作中的不足时，当我们每一次进步的时候，之后的改变就是完美的，自然自身的能力和价值也会得到提升。

4
做好每一个细节，不允许半点差错

"不就是螺丝拧歪了吗，又影响不了大局！"
"不就是报表里错了一个数字吗，下次注意点就行了。"
"不就是文件页码装订错了吗，下不为例就是了。"
……

在平时的工作中，你是否说过诸如此类的话？

古语云：天下大事，必作于细。20 世纪世界最伟大的建筑师之一的密斯·凡·德罗，在被要求用一句话来描述自己成功的原因时，他也只说了五个字："细节是魔鬼。"换一句话说，一些细节虽然看起来微不足道，但是实际上，在很多时候，如果处理不好的话，可能导致无法估量的不良后果。

一次登月行动中，美国的飞船已经顺利脱离地球进入既定轨道，眼看成功在即，却突然出了一个问题：抵达月球的飞船无法着陆。最后，此次登月行动只得以失败告终。科学家们对此感到非常失望，在事后对出问题的飞船进行了全面而精细的检查，最终得出的结论却令人大为惊诧，导致此次行动失败的原因，竟然只是一节价值 30 美元的电池！在飞船起飞之前，科学家们对飞船的每一个地方都进行了重点监测，尤其是那些"关键部位"，但却唯独忽略了这节几乎没有任何技术含量的电池。正是这节没有任何技术含量的电池让科学家们的心血付诸东流。

细节决定成败，任何一个细节的失误和疏忽，都可能让我们的努力功亏一篑。相信每个人都有过类似的体验和感受，在做一件事情的时候，你费了九牛二虎之力，几乎是面面俱到，打通了上下关节，却最终因为一个无关紧要的细节，而使得之前的努力付诸东流，所谓"一着不慎，全盘皆输"正是这个道理。

很多时候，一个小细节独立来看，确实不值得小题大做，但在现实中，你所做的每一件事都是有所关联的，不可能独立来看待。千里之堤，溃于蚁穴，巨大的崩塌往往都是无数细节的疏忽所造成的。一个细节的变化，足以引起一系列的连锁反应，最终往往会影响到全局的变化，引发严重的后果。

能否完美地处理细节，决定了一个人成功与否。工作中的每一件事都值得我们去做，即使是最普通的小事，也不应该敷衍应付或懈怠，相反，应该用你的热情和努力，把工作做到最好，把细节做到完美。只有全力以赴、尽职尽责、重视细节，才能先成就小事，再成就大事，最后取得成功。

注重细节是一种优秀的匠心精神，也是成功人士的一项基本素质。

在德国，随处可见一间名为"DM"的化妆品连锁超市，它的大老板及创始人名叫格茨·维尔纳。DM连锁店是维尔纳白手起家创建的，发展至今已经有了超过1000家的分店，是同行业中盈利最大的企业之一。

维尔纳是个非常注重细节的人，一次，在随机视察的过程中，他走进了自己的一家分店，四处观望之后，对分店经理说道："请给我一把扫帚。"

分店经理心中一惊，四处观望，却没有看到任何垃圾。他边把扫帚递给维尔纳边疑惑地问道："维尔纳先生，您要扫帚做什么呢？地面打扫得非常干净。"

维尔纳接过扫帚，拨了拨天花板上的灯，让灯光照射到了货架上，然后对分店经理说道："刚才灯光的亮点都集中照在了地板上，完全不能发挥作用。看，现在让它照在货架上，我们的产品看起来更光洁，一切就完美了。"

作为一个商业帝国的大老板，维尔纳却对这种细枝末节的小事情如此在意，不免令很多人感到疑惑，要是对每件事都管到这么细，维尔纳岂不是要把自己累死？对此，维尔纳的解释是："我以这样的行为给员工留下的印象要比发一封指示信深刻有用得多。当然，我不可能每天都这么做，管到每一个细枝末节。但我认为，真正的成功都是在一个个细节成功的基础上累积起来的。"

确实如此，注重细节几乎是每一个成功人士的共通点。只有对细节充满关注的人，才可能将每一件事情做到极致，做到完美，也才可能创造卓越。如果你想成为一名价值型员工，就必须时刻提醒自己，不要放过任何一个细节，要善于把握工作中的每一个细节，并且将每一个细节都做到位。

5

认真，认真，再认真

对于工作，相信每个人的初衷都是想做好的，但是出现的结果却不尽相同，这其中的原因有很多，有些是我们不能逾越的，比如天资，但更多的是我们自身的原因，比如态度。

我们先来看一则文章：

1944年冬，盟军完成了对德国的铁壁合围，法西斯第三帝国覆亡在即。整个德国笼罩在一片末日的气氛里，经济崩溃，物资奇缺，老百姓的生活陷入严重困境。对普通平民来说，食品短缺就已经是人命关天的事，更糟糕的是，由于德国地处欧洲中部，冬季非常寒冷，家里如果没有足够的燃料的话，根本无法挨过漫长的冬天。在这种情况下，各地政府只得允许老百姓上山砍树。

你能想象帝国崩溃前夕的德国人是如何砍树的吗？在生命受到威胁时，人们非但没有去哄抢，而是先由政府部门的林业人员在林海雪原里拉网式地搜索，找到老弱病残的劣质树木，做上记号，再告诫民众：如果砍伐没有做记号的树，将要受到处罚。在有些人看来，这样的规定简直就是个笑话：国家都快要灭亡了，谁来执行处罚？

当时的德国，由于希特勒做垂死挣扎，几乎将所有的政府公务人员都抽调到前线去了，看不到警察，更见不到法官，整个国家简直就是处于无政府状态。但令人不可思议的是，直到第二次世界大战彻底结束，全德国竟然没有发生过一起居民违章砍伐无记号树木的事，每一个德国人都忠实地执行了这个没有任何强制约束力的规定。也正因为这种态度，战后的德国迅速恢复生产。

这是著名学者季羡林先生在回忆录《留德十年》里讲的一个故事，故事的核心内容只有两个字——认真。一个好的心态，一个对待工作认真的态度，在我们的职业生涯中是至关重要的，我们可以不是非常聪明的，但一定要是认真的，这是最重要的职业素养，是一切优秀职业品质的前提。

认真是什么？认真就是任何时候都不放松对自己的要求，绝对不敷衍了事，绝对不粗制滥造，严格按规则办事做人，这是一种兢兢业业的务实精神，是一种一丝不苟的工作态度。任何科学上的重大突破、理论上的重大创造、技术上的重大发明、工作上的巨大成就都是从严肃认真中取得的。

事情可以做好，也可以做坏；可以认真地做，也可以懒散地做。认真的人并没有懒散的人来得舒服，但自诩天资不凡，却不肯认真工作的人，最终只能任由自身天分"生锈"；而平日以普通人自处，事事认真以对的"笨人"，却能通过一次次的努力，实现一次次的提高和超越，如此何愁不成功？

王杉是国内很有名的画家，他最擅长画小鸟、小虾、小虫等小动物，尤其是虾。王杉能在简括的笔墨中呈现出虾的神态和动势，形神兼备，生动有趣，看似简单的几笔却包含着他几十年来对虾的熟悉与了解。有人问他画画的秘诀是什么？他笑着回答说："没有秘诀，认真罢了。"

王杉的偶像是齐白石大师，他青年时开始画虾，天资并不算最好，画的水平也不高，他便开始临摹齐白石画的虾。一段时间后，他画得还不错。后来，他自觉画得还不够"活"，于是便开始效仿齐白石，经常在清晨和傍晚，到乡间田野去观察池塘里鱼虾的游动。他还把虾养在金鱼缸里，每天仔细察看，反复琢磨，最终画虾画得精妙绝伦，活灵活现，于是有人便将他叫作"现代版的齐白石大师"，他的画作也成了一种收藏品。

有一次，一位朋友带着一幅画登门拜访，请王杉鉴别真伪。王杉仔细看了看，对朋友说："我用刚创作的两幅画跟你换这幅行吗？"朋友有些不解，王杉解释道："这是我五年前的作品，一笔一画那么认真，我那时画画多认真啊，现在退步了。"接着，王杉叹了一口气，继续说道："现在我的声望高，很多人说我画得好，觉得我随便抹一笔都是好的，我也被这些赞誉弄得飘飘然了，无形中放松了对自己的要求。直到看到年轻时画的这幅画，我才猛然惊醒——我不能，我不能再被外界那些不实之词蒙蔽了，我还得认真练习。"

此后，即便是年龄越来越大，王杉也依然坚持每天必画画，一笔一笔地画，从不敢怠慢，甚至有时为了画一幅画，花上好几个月的时间。最终，他的作品越来越棒，收藏价格也越来越高。

成功的秘密是什么？不是你比别人更聪明或幸运，而是比别人更认真。所谓态度决定一切，世上万事最怕的就是"认真"二字，认真的可怕在于看起来微不足道的力量，只要一认真起来就能产生巨大的威力；看起来不可能的事情，只要你认真去做，就没有办不成的。

　　职场竞争力始于认真，谁肯认真对待工作，谁就能走向成功。当工作陷于困顿，当能力发挥不足，试着将"认真"融到你的工作中并形成习惯。相信你定会解除工作中的困惑，重燃工作的激情，更好地体现个人价值，更快地成就一番事业。

6

比最好再好一点

99 分 = –1 分。

100 分 = 0 分。

101 分 = 1 分。

99分、100分和101分之间,从量上看相差微小,从质上看何止天渊。100分实际值是0分,101分实际值是1分。过去的时代,同一个行业可以有很多种存在。今天,互联网时代,要么全输了,要么全赢。过去,我们做满意度调查。今天,满意度是应该的,满意度是0。现在是追求"尖叫值",尖叫值是满意度的十倍。

那么,如何实现"尖叫值"?那就是坚持没有最好,只有更好。

每个人的职责有所差别,也会有不同的成就,但一个具备匠心精神的员工,任何时候都决不会满足于做到最好,他们追求的是——做到更好。

最好,从一定程度上已经算是合格了。但如果站在另外一个角度来看,不管是"最好"还是"更好"都是相对的,都局限在一定的范围内。而在更大的范围里,会有更多的"更好",和这些"更好"相比,"最好"也会逊色的。

别以为做到"更好"很难,事实上它非常简单,当你建立了"更好"的理想，必然要求自己做得比别人更完美，在工作中不断地精益求精，这就充分调动起了你的智慧和力量，促使你不断地学习专业知识，不断地拓宽自己的知识面。这时候，你本身就比别人"更好"了，就与普通人区别开来了。

胡明刚刚进入这家业内知名的广告公司时，便接到了策划总监交代的一项任务——为一家知名的IT厂商做一个新品发布会的策划方案。毕业于名牌大学，有着丰富策划经验的胡明自认为才华横溢，轻轻松松地仅用一天时间就把方案做完了。但是，当他发电子版方案给策划总监看的时候，策划总监看都没看方案，却问了他一个问题："在你看来，这是你所能做的最好的方案了吗？能不能更好些呢？""或许我可以再改进一点，我想如果再做些改进的话，应该会更好。"胡明想了一下，小声地回答道，于是策划总监给了他一个"重做一份"的答复。

这一次，胡明稍微认真了一些，用了两天的时间重新起草了一份方案，这次他觉得方案做得还可以。然而，这次策划总监依然没有看方案，而是继续问了同样的问题："在你看来，这是你所能做的最好的方案了吗？能不能更好些呢？"胡明听了策划总监的话，顿时一怔，没敢回答。策划总监笑了笑，随即轻轻地把方案退给了胡明。胡明默默地走出了策划总监的办公室，这一次他下定决心一定要努力将方案做得更好。

一个星期之后，胡明彻底地将策划方案认真完善，做到了毫无纰漏。当策划总监看到这个方案的时候，依然问了那句话："在你看来，这是你能做的最好的方案吗？能不能更好些呢？"这一次，胡明毫不犹豫地回答道："是的，我认为这是最好的方案，比之前的都更好。"说完，只见策划总监点点头，说道："好，这个方案通过。"

策划总监并没有直接告诉胡明他应该做什么，而是通过"能不能更好些呢？"这种严格的要求来训练下属必须尽最大努力做到更好。显然，这样精益求精的工作态度不仅是对企业负责，也是对员工自身负责。想必那位总监之所以能做到高位，应该和他这种严谨的工作风格是分不开的。

没有最好，只有更好。工作就是这样，不讨厌精，不讨厌细，只有不断提高的标准，永远没有绝对的好。匠心就是持续地做、系统地做、坚定不移地做，把某件事情做到极致。我们也只有在持续不断倾注心血的过程中，才能发现问题，或者发现解决问题的办法，最终成长为公司不可或缺的价值型员工。

7

不满足于尽力，要竭尽全力

相信很多人对这样一些现象感到困惑——为什么同样一件事，别人做得好，自己却怎么努力都做不好呢？为什么自己那么辛苦，工作多年依然默默无闻、毫无建树，有的人却成为佼佼者，不停地创造着奇迹……于是，有些人便开始抱怨自己的命不好，羡慕别的人比自己运气好。

真是这样吗？我们先来看一则故事：

第二次世界大战期间，欧洲第二战场还没有开辟的时候，有一队美国士兵将要被派到德国去做间谍。因为盟军部队不能接近德国领土，送他们去的飞机只能在天上把他们空投下去。在出发前的一个月，长官告诉他们这一个月里必须要学会德语。一个月之后，不论他们有没有学会，都得出发。

当时这些士兵都还不会说德语，回答长官说："我们一定尽力学会。"

"不，"长官严肃地说，"如果你们的德语学不好，说得不像，一旦你跳下飞机开口说话，德国人就会把你们分辨出来，你们很可能就会没命了。"

学不学得会德语，立刻成为生死攸关的大事，为此，士兵们不得不严肃对待，他们开始竭尽全力地日夜苦学。一个月后，几乎人人都能说一口地道的德语，有的士兵甚至连口音和语调都非常像德国人。

凡事仅仅做到尽力而为还远远不够，必须做到竭尽全力才行。

很多人可能要问，尽力而为和竭尽全力有什么不同呢？这就涉及潜力，每个人都有无限的潜力，但大多数人只发挥了不到10%，剩下90%以上的潜力被深藏起来，这是尽力而为的结果。而竭尽全力则是全身心地投入，使出浑身解数，力求达到最佳境地，丝毫不会放松，丝毫不会轻率，如此便能有效激发剩余的潜力，进而完美地完成工作，甚至是原本不可能完成的工作。

每个人都有无限潜能，人才都是被逼出来的。

素素是一位二十多岁的女孩，她仗着家庭环境上的优越，对待工作漫不经心，每天得过且过，而且挥金如土。后来，父亲遭遇了生意的变故，母亲也生了重病，家境一落千丈。没有了父母的支持，素素过得很狼狈，经常借钱度日，这时她才悔不当初。素素原本做办公室文员，朝九晚五，风不吹日不晒，但为了能挣到更多的钱，改变家里的经济状况，她只好转行做销售，四处奔波。

哭的时候没人哄，素素学会了坚强；怕的时候没人陪，她学会了勇敢；累的时候没人可以依靠，她学会了自立。素素全力以赴地努力工作，她的工作能力越来越强，收入也水涨船高，更重要的是，她找到了自己，发现原来自己如此优秀。

人是被逼出来的，有压力才有动力。

换句话说，任何人不论才智的高低，背景的好坏，也不论愿望多么的难以企及，都要全力以赴对待工作，竭尽全力地做事。你或许会疲惫不堪，或许会伤痕累累，但这能开发自己的潜力，你将逼着自己出类拔萃，逼着自己走向成功彼岸，你的个人价值会越来越高。

不要再以"我尽力了，结果不理想"的借口敷衍自己，你想要具有出类拔萃的表现，那就竭尽全力去做事；你想获得称心如意的生活，那就竭尽全力去拼搏……毫不犹豫地去除自己的惰性，对工作全力以赴、精益求精，被动的命运并非不可逆转，你离掌控自己的人生也就不远了。

8

请永远超过老板的期望

在实际生活中，我们不难看到这样的现象：同时进入公司的人，几年后注定要分化，有的人会成为公司的专家、精英，备受老板尊重和厚爱，而有的人则数年在同样的岗位上庸庸碌碌地待着。为何会这样呢？这固然取决于一个人能量的大小，但很多时候在于老板心中还有一个标准，即员工能否超越自己对他的期望。

在工作中，当一个员工接到任务时，通常有以下三种表现：

第一种人是得过且过，经常无法完成老板交给的任务；

第二种人踏实肯干，老板吩咐什么就做什么，经常能中规中矩地完成工作；

第三种人不仅能完成老板交给的任务，而且还用自己的努力给老板带来额外的惊喜。

如果你是一个老板，你最喜欢哪一种员工呢？

第一种人不用说就是凡事都打折扣的员工，这样的员工老板自然不会喜欢；第二种人虽然能把任务完成，但充其量在单位中永远普普通通，这样的人很难进入老板的视线；第三种员工则截然不同，他们的表现超出了老板的期望，这样的人想得不到老板的重视都难，升职加薪的好事自然会落到他们身上。

商业的基本法则是尽量降低成本，同时尽量提高利润，这在人才使用方面同样适用。在职场中，大家拿着同样的工资，享受着相同的待遇，老板对每个人的投资成本是一样的，他自然希望每一个员工都能多创造效益，进而使企业获得更多的投资回报。很显然，上面提到的第三种人投资回报更大。

没有一个老板喜欢做亏本生意，没有哪家公司聘请员工，是要员工去享福、混日子的。公司聘雇员工时会对员工设下一定的期望值，当个人表现和公司期望相吻合时，会被认为是"物有所值"；当个人表现超越了公司期望，就会被认为是"物超所值"，这样的员工自然备受青睐，更有竞争力。

所以，为了保住自己的饭碗，为了获得重视和重用，为了在公司占得一席之地，你一定要尽量主动为公司多做一点事，把有限的时间投入到无限的工作中去，让自己"物超所值"，不断超越老板的期望。相信，你也将会在这一过程中积累经验、补充知识，成为老板眼中有价值、有含金量的员工。

查理·贝尔家境十分贫寒，为了生计，15岁时他来到悉尼一家麦当劳打工。他第一次去应聘的时候，这家店的经理看他瘦骨嶙峋、营养不良，而且长相、穿着都很土气，便以暂时不缺人手为由委婉地拒绝了他。但贝尔没有就此放弃，诚恳地请求对方给他一份工作，并说不要薪水，只要管饭就行。"我看您店里厕所的卫生情况不太好，没准会影响您的生意，要不就安排我打扫厕所吧！"这位经理见贝尔实在可怜，就同意将他留在店里，但说明只是试用。扫厕所是一个又脏又累的活儿，几乎没人愿意干，但贝尔却十分珍惜这来之不易的工作机会。

试用期间，贝尔踏踏实实地干着活，每天天不亮就起床把厕所彻底打扫一遍，每隔一小时就去查看一下，发现脏了马上再打扫一遍。在工作中，他还总结了一些经验，比如：先清理大的纸张，然后在又湿又脏的地方撒上干灰，把水吸干后再扫，就能扫得非常干净。为了维持厕所的清洁环境，他还别出心裁地特意在厕所周围摆上一些花草，给顾客多一点美的感受。为了增添文化气息，他还在厕所的墙上贴上一些类似"生命无法重来""黑夜给了我黑色的眼睛，我却用它寻找光明"等格言警句。这一举动颇受顾客的欢迎，也引起了麦当劳公司领导的注意。除此之外，他还做了擦地板、翻烘烤中的汉堡包等力所能及的事。他所干的这一切，都被总经理里奇看在眼里。

三个月的试用期过后，贝尔理所当然地被正式录用，成为麦当劳的一名正式员工，接受了正规的职业培训。之后，他被安排到店内的各个岗位实习。实习期间，贝尔都一如既往地努力，要求自己"多做一盎司"，比如顾客用餐最多的时间，他会主动疏导客流，给等待的客户提供消遣娱乐工具等。贝尔没有辜负里奇的一片苦心，经过几年的锻炼全面掌握了麦当劳的生产、服务、管理等各个环节的工作流程，年仅19岁就被提升为麦当劳澳大利亚公司的店面经理，27岁成为麦当劳澳大利亚公司副总裁。后来，他又被调到美国总部，先后担任亚太、中东、非洲及欧洲地区的总裁。2002年底，他被提升为首席运营官。2004年4月，他担任麦当劳公司的总裁兼首席执行官，成为麦当劳历史上最年轻的首席执行官，负责麦当劳在118个国家超过三万家麦当劳餐厅的经营、管理。

从一位扫厕所的员工做起，成长为麦当劳的首席执行官，获得了令人羡慕的成就和地位，这一切看似太幸运了，实际都源于贝尔不断的努力、追求卓越的工作态度和想方设法地为团队"多做一盎司"的匠心精神。

如果你现在还没有得到老板的器重，你应当问问自己：我有没有超过老板的期望？

接下来你可以这样做，如果你是一名销售员，在对客户卖出自己的产品之后，还要经常询问产品使用中是否出现了问题并及时解决；如果你是一名货运管理员，除了要确保货物及时准确到达之外，还要细心检查发货清单，避免给发货、收货双方造成不必要的损失……

第六章

沉住气方能成大器

匠人要有耐心

在互联网时代，人人追求高效能，追求短期利益，追求直接结果，
而践行工匠精神就必须经受时间的考验。
不浮不殆，不急不躁，筚路蓝缕，久久为功。
的确，世上哪有那么多的一蹴而就，
任何一个优秀的匠人都需要一段艰难而漫长的付出，
这是一个从量变到质变的过程，
是价值创造的过程，也终会厚积而薄发。

1

沉下心来，技术合格也需要三年时间

这是一个不断加速的世界，人们的内心也变得越来越急躁。面对心中的目标，我们恨不得马上冲上去实现；面对成功道路上的问题，我们恨不能马上就一劳永逸地解决。但是心急从来就不是解决问题的最好办法，这就好比一个人还没有学会走路就企图开始跑步，那最后肯定是要摔跟头的。

有一位法术高明的魔法大师，他有一把神奇的扫帚，只要他念起咒语，这把扫帚就会变成人形，帮忙做许多家务。一个小男孩天生就喜爱魔法，一次偶然的机会，他见识了魔法大师的本事后，便再三请求拜其为师。魔法大师见小男孩一脸的天真烂漫，又诚意十足，便答应了下来。接下来的每一天，魔法大师都会教小男孩一些基本功，比如站立的姿势、意念的控制、手的运用等等。没多久小男孩就不耐烦了，他觉得学习这些没用，便偷偷跟着师父学习念咒语，希望能快点指挥那把神奇的扫帚。

有一天，魔法大师出门到乡下去了，小男孩偷了师父的魔法帽，学着师父的样子念起咒语来，命令扫帚替他去把水缸灌满水。扫帚果然行动起来了，提起水桶，一跳一跳地向门外走去。不一会儿，扫帚就提来了水，倒进水缸里。小男孩甭提多高兴了，可是水缸里的水满了，扫帚还在继续往里倒水。"够啦，够啦！"小男孩大声地嚷道，但是扫帚不理他。他努力地施展魔法，但由于意念不够强，并不能很好地控制扫帚，扫帚还是一直不停地倒水。就这样，屋子里的水越涨越高，先是没过了小男孩的膝盖，后来又没过了小男孩的胸部、肩头。小男孩大喊救命，但是无济于事。

幸运的是，这时魔法师回来了，他念起了咒语，扫帚停下来了，水也退去了。小男孩在师父面前惭愧地低下了头。

俗话说"成于敬业，毁于浮躁"，即一个人一旦被浮躁控制，不管他的工作条件多么好，交付他的工作多么简单，他也很难全心全意投入工作。心浮气躁，好高骛远，急于求成，耐不住性子想问题，东一榔头西一棒槌，而所有试图快速解决问题的方案到头来都会证明是一场闹剧，往往事与愿违。

饭要一口一口地吃，路要一步一步地走。成功往往不会一蹴而就，而是需要一连串的奋斗。同样，每一项工作都有其特定的技能，任何人都是需要经过一定时间的学习才能成为一名合格的技术人员。比如，木匠通常需要学习够三年时间才算出徒，这还得通过师父的考试，通不过的五六年都出不了徒。

在这个人人急于求成的时代，老板们从来没有什么时候像今天这样，青睐和欣赏那些不为外界纷争所扰、不急于求成、能够心态平和、肯付出更多努力的员工，并愿意给予他们更好的待遇、更多的机会。一个人也只有沉下心来，踏踏实实做好工作，才能做出不俗的成绩，提升自我的价值。

第六章 沉住气方能成大器：匠人要有耐心

在《我在故宫修文物》的纪录片中，钟表修复组的王津也火成了"网红"，更是被网友称为"谦谦君子""故宫男神"。

1977年，16岁的王津来到故宫工作。等他进了故宫，才发现和想象中完全不一样。办公室并不在气派宏伟的大殿，也不在浓荫匝地的小院，而是在旧日皇宫的辅助用房里，平平板板、普普通通。为了解决办公室拥挤的问题，他们甚至在彩钢活动板房里坚持了几年。工位每人两平方米不到，一个个挤在一起。当时的师父告诉他，这份工作一定要戒骄戒躁，起码三年以上才算合格。

一遍遍敲击检查零件聆听机械的撞击脆响，一次次拧紧松掉的螺帽，弄点铜丝，锉个销子之类，重复的工作虽然枯燥，但王津并没有能应付就应付，能推诿就推诿，而是真正沉下心来，俯下身子，戒骄戒躁，脚踏实地地去做好这份工作。这一修，就是近40年，而且日日如此，风雨不误。

王津数不清楚自己修过多少座钟，只一个概数：40年两三百座。但是经手的每一座钟，一提名字，基本当年修了哪儿，他都记得清清楚楚，而且饱含着一种深情。有观众称赞这是一种工匠精神，王津则坦言，还有五年他将退休，经手的钟表能修一件算一件："故宫院藏的钟表都是精品、孤品，我们一辈子可能只修复一次，碰上了就是缘分，不管花多大力气也要把它修好。"

在日新月异的时代中，浮躁时刻影响着我们的思维、判断，乃至行动，每一位职场人士都应该平息内心这股浮躁之气，守住自己的定力，让自己深入内在，沉下心来踏踏实实做好工作，从而在平凡的岗位上做出不平凡，在客观上给自己创造一种机遇，为自己的人生带来不一样的改变。

② 凡事浅尝辄止，最终一事无成

当你做出了一个决定，就请不要回头，因为那是你的选择。当你为自己的选择付出全部，并且坚持到底的话，那么就可以看到成功的到来。

职场上有这样一种人，谈起职业理想总是侃侃而谈，可是谈到最后的结果的时候，却总是抱怨："我没有人家的实力和本事，只能做一个普通的人。"其实，这些人缺少的不是实力和本事，而是一种坚持的匠心精神。不管你将梦想和未来描绘得多么美好，如果你总是浅尝辄止的话，最终只能一事无成。

一个私人的生物研究所里，两个研究人员正在投资方面前争吵不休，原来是为一个成功研究出来的项目的奖金问题。

项目的研究本来是给A的，但是经过一段时间的研究之后他发现不管自己怎么努力，研究都好像卡在一个瓶颈上，进行不下去。所以他只好找到研究所所长，将项目暂停，时间一长，他自己就将研究的事给忘了。这时候，B提出了解决难题的办法，重新研究这个项目。原来当时B是A的助手，A的每一步研究他都看到了，所以对项目的进度也非常了解，在A遇到瓶颈之后B也一度陷入迷茫。但是项目不得不停止之后，B的研究却没有停止，他经常一个人走进项目研究室，继续潜心研究，仔细地进行分析，终于用另外一种方法将项目研究出来了。

当项目上报的时候，A和B就因为这件事起了争执，A说如果不是自己前期的潜心研究，B根本不可能成功地研究出来，B反驳自己并不是用A的研究思路进行的，所以成果应该完全属于自己。看着眼前不断争吵的两人，投资方打了个噤声的手势，他说："你们不要争了，奖金是B的，因为不管A你多么努力，但是你最终还是没有坚持下去，你提供的研究资料都是很浅显的，这不是我想要的结果，而B，不管他用的是什么手段，只要他能给我想要的，我就会给他想要的。"

很多员工在看到同事成功之后会不屑一顾，甚至会说如果不是先前将工作完成到什么程度，他是绝不会成功的，然而事实是，不管差多少你就成功了，你都差了一点，那么成功的就不可能是你了。没有一个老板在看待一件事情的时候会分前半部分是谁做的，后半部分是谁做的，他关注的永远只是结果。

结果胜过一切，就意味着以"成败论英雄"，这是市场竞争的要求，无论我们选择忽视还是抗拒，都改变不了这样一个事实：结果是决定我们的企业生存发展的关键因素。如果没有完美的结果，执行过程再怎么曲折动人也不过是赚取人们同情的眼泪罢了，无助于改变失败的结局。

所以，如果你渴望成为一名不可或缺的价值型员工，就要树立结果心态，对于结果不是"想"而是"一定要"。越是困难的时候，越是要坚持不懈。当你总能坚持做出结果的时候，你就是一个能给公司创造利益的员工，也就是老板觉得应该重用的那个人。

3
一位工匠的成功与多人的离开

成功,在于坚持。

说到坚持,有些人会想,坚持有什么做不到的?你可能也会这样想吧?殊不知,坚持说起来很轻松,但真正做起来却是很难的。对此,有一句话概括道:"世间最容易的事是坚持,最艰难的事也是坚持。说它容易,是因为只要愿意做,人人能做到;说它难,是因为真正能做到的,终究只是少数。"

几乎每一个员工都有一个很好的开端,但最终能做出一番事业的总是少数。有人将这归结于个人能力的问题,但是细心观察会发现,工作不是一件简单的事情,没有人的工作能一帆风顺。职场上之所以有强弱之分,究其原因是前者在困境或苦难面前说:"我永远不会放弃。"后者说:"算了,我承受不住。"

对此,美国销售员协会曾经做过一个调查,结果表明:48%的推销员找过一个人之后,就不干了;25%的推销员找过两个人之后,就不干了;12%的推销员找过三个人之后,还坚持继续干下去——瞧,80%的生意就是由这12%的推销员做成的。不因一时挫折而放弃的人,永远不会失败。

自伦敦大学圣玛丽医学院毕业后，英国医学家亚历山大·弗莱明便把细菌学研究当成了他事业的全部，加紧了细菌的研究工作，他的研究对象是能置人于死地的葡萄球菌，为此需要经常培养细菌，但一切看起来并不算顺利。一次又一次的实验以失败告终，这让弗莱明有些苦恼。与他同期的几个研究人员都认为这样下去也是浪费时间，都劝说弗莱明放弃，但弗莱明依然每天在他的实验室里摆满了各种实验用的细菌培养皿，每天进行细心的观察，反复试验。

一天，弗莱明将一个葡萄球菌培养基放在试验台阳光照不到的位置就出去了。结果回来后，他发现由于盖子没有盖好，靠近封口的葡萄球菌培养物已经被霉菌感染，融化成露水一样的液体，而且显示为惨白色。所有细菌培养基封口必须要求是封闭的，看来这次实验又失败了。但他意外地发现，在霉菌生长的地方葡萄球菌却在迅速地分解。他小心地将霉菌分离出来，加倍仔细地观察、分析。终于，一种能够消灭病菌的药剂——青霉素被成功发现了。

大量的临床试验证明：青霉素是人类有史以来发现的一种最好的抗生素，从此人类医疗事业翻开了新的一页。"二战"期间，青霉素成为战场上神奇的抗生素，挽救了数以万计的生命，被称为"有魔力的原子弹"，弗莱明也因此在全世界赢得了25个名誉学位、15个城市的荣誉市民称号以及其他140多项荣誉，其中包括诺贝尔医学奖。

哪怕失败了，也不要就此气馁，更不要放弃。可以说，弗莱明取得最后的成功，其根本原因还是他在面对失败与挫折时，能够坚持，以理性的思维来分析问题并付诸实践。试想，如果他在一次次失败面前，只一味地怨天尤人，甚至于一蹶不振，恐怕也就不会拥有后来的成就了。

失败，并没有我们想象的那么可怕，它只是给了我们一个机会，让我们更好地认识到自己所欠缺的，从而促使我们为接下来的战斗积蓄更多的力量。当我们为失败而感到颓丧的时候，不妨想想自己为什么会遭遇失败，自己有哪些不足或错误之处，把每次失败变成一次完善自我、提高自己的机会。

从五岁开始，郭晶晶就与跳水结缘。12 岁那年，她进了国家队。1996 年亚特兰大奥运会上，郭晶晶第一次登上了奥运的舞台，那一年她 15 岁。当时伏明霞是女子跳水的"皇后"，一个初出茅庐的小姑娘和久经赛场的前辈同场竞技，结果在比赛之前就已经注定了。那次比赛上，郭晶晶紧张得连转体动作都没能完成，最终伏明霞夺冠，郭晶晶得了第五名，与梦想中的金牌擦肩而过。

但对于郭晶晶而言，这一次的经历不是失败，而是重要的磨炼。她说："失败的滋味很苦，可那是生动的一课，促使我更加努力。"之后，郭晶晶针对自己出现问题的动作，不断修正，不断完善，水平逐步提高。再后来，伏明霞退役了，郭晶晶则凭着艰苦的训练，逐渐成长为国家跳水队新"一姐"。训练期间她曾有两次摔断了腿，脚踝也受到伤病的困扰，可她一路都坚持了下来，先后获得了世锦赛和世界杯冠军。在 2004 年雅典奥运会上，她实现了自己的奥运冠军梦，成为了包揽国内外各种赛事冠军的运动员。

成功只属于那些一直坚持下去的人，哪怕跌倒了百次、千次。

如果你现在还很平庸，如果你渴望做价值型的匠人员工，那么不妨时刻问一下自己："我坚持了吗？"当因种种困难想要放弃时，你不妨想想，如果此刻放弃就永远触不到成功的希望，告诉自己："挺住了，别趴下。"哪怕周围的所有人都离开了，你也要坚持下去，这一秒不放手，下一秒就会出现奇迹。

4
一步一个脚印地走向成功

在职场中，一步登天的情况并非空前绝后，却也是凤毛麟角。用当代的话说，那是小概率事件，少数人才能拥有的幸运。但是，如今有不少"志存高远"的人，冀望一步登天，一旦不得志，就感慨人生的不公平，感叹自己被大材小用，从此不思进取和沉沦，甚至懦弱和畏缩，越来越难发展。

有一个二十几岁的年轻人，他毕业于名牌大学，能言善辩、才华横溢。在某公司的招聘专场上，他给公司老板留下了极深刻的印象。当时他应聘的职位是销售总监，见多识广的老板也被他的雄心壮志吓了一跳：一个初出茅庐的年轻人居然敢应聘这么高的职位，是真有过人之才还是太狂妄？在接下来的一个小时里，年轻人侃侃而谈，讲述了自己对工作的种种构想，听得老板直点头。

最终，年轻人被录用了，但老板让他先到销售部担任助理的工作，先在基层历练一下，再慢慢提升，其实这也是对他的一个锻炼。可惜年轻人却未能体会老板的良苦用心，他觉得让自己当助理简直就是大材小用，决策型的人才被白白浪费了。因此，对于分给他的"小事"根本就不曾用心去做，实用的知识、技能也不看在眼里，他整天想着，自己什么时候才能坐上销售总监的位置啊。

就这样过了三个月，老板给了年轻人一次表现的机会，让他全权组织一场促销活动。年轻人觉得这是小菜一碟，马上就开始组织。没想到看花容易绣花难，他不知道怎样培训促销员，不知道怎样和商场沟通，不知道怎样布置会场，不知道……结果可想而知——年轻人很快就被公司辞退了。

一工作就是高薪高职，谁不希望自己如此呢？一个人拥有远大的梦想、高远的目标，固然是一件很激励人心的事情，但是所有的事情都不可能如我们所愿般一下子就能完成，习惯于好高骛远，凡事总想一蹴而就，不但违反自然规律，而且寸步难行，只会使自己失望，加深挫折感而已。

那么，我们到底该怎么办呢？

看完下面这个故事，你或许就会懂得了。

一个年轻人一心想到美国西部当一名新闻记者，无奈人地生疏，他在各个报社四处碰壁。无奈之下，年轻人给美国著名作家马克·吐温写了一封信，请对方帮忙替自己推荐一份工作。马克·吐温怎么回复的呢？他为这个年轻人提出了求职设计"三步骤"：第一步，明确向报社提出自己不需要薪水，只想找一份工作；第二步，一旦被聘用就要努力工作，直到做出成绩再提要求，给薪水或升职；第三步，一旦成为有经验的业内人士，自然会有更好的职位等着你。"三步骤"可行吗？年轻人对此将信将疑，但当他按照马克·吐温的"三步骤"认真做下去时,他不仅成功地在一家报社当上了新闻记者,而且还在本行业获得了卓越成就,成为了著名记者。

但凡有点本事的人都渴望快速得到公司领导的重视和重用,但从马克·吐温的"三步骤"中,相信你也能领悟一个道理,不被重视和重用不是关键问题,并不代表自己一无是处,关键在于你怎么去做。我们每个人不论目标是什么,只有先踏踏实实走好脚下的每一步,才真正有机会走向成功。

的确,绝大多数的成功人士之所以出类拔萃,并不是因为他们一开始便居于高位,也不是因为他们有一步登天的本领,而是始终相信自己,在不被重用与重视的时候能够不忘初心,秉持匠心,用心去好好做事,踏踏实实走好脚下的每一步。每走一步都是在缩短与成功的距离,最终任何梦想都能够成为现实!

刘洋是很多人眼中的成功人士,很多人羡慕他的运气好,因为他实在太励志了,上学时他的成绩不是最好的,长得也不是最帅的,他的父母也都是普普通通的职工而已,但他却实现了无数人的人生理想,住别墅,开宝马,儿女双全,夫妻恩爱,经营着一家近百人的建筑公司,已然算是走上人生的巅峰了。

身边很多人都半是惊奇半是羡慕地询问刘洋:"你是如何做到的?"

每当这时,刘洋都会轻轻一笑,从包里拿出来一个日记本,翻了几页后递给那人。

那几页的内容大致如下:

2005—2008年,攻读土木工程研究生,以优异的成绩拿到硕士文凭；

2008—2010年，任职大型企业做研发工作，学习前沿技术，学会把握行业内技术发展趋势，期间评上中级职称和拿到二级建造师证；

2010—2011年，转做营销工作，学习把握市场动向和训练营销能力；

2011—2014年，攻读工商管理硕士，学习公司管理，同时去小型公司做研发工作；

2011—2012年，争取当上中层领导，学习对部门工作进行全盘规划，参与公司的整体决策；

2012—2014年，大量发表论文以及申请省市重点科技项目，为高级工程师的评审做准备，同时深入了解公司各部门工作及流通环节，期间拿到工商管理硕士学位及一级建造师证。

也就是在2015年，刘洋便带着满满的光环离开了公司，创立了属于自己的建筑公司。

即使爬到最高的山上，一次也只能脚踏实地地迈一步。瞧，刘洋每一步都走得不能再明确了，所有那些别人看上去很顺利的事，其实都是他一步步踏踏实实地走出来的。

当我们总是盯着自己的目标却不知道怎么做的时候，不必焦虑抱怨，或者自卑自弃。不妨看看自己的脚下，以立足的地方为起点，着手去做、努力做好身边比较清晰的显而易见的事。踏踏实实地走好脚下的每一步，坚持不懈地努力，不断地提高自身，那么你就会越来越优秀，变得不可替代。

5

只要不停止前进，再慢也能成功

世界上能登上金字塔尖的生物只有两种：一种是鹰，一种是蜗牛。

为什么鹰可以？因为它天资奇佳，搏击长空。

为什么蜗牛可以？因为它自知资质平庸，所以更加勤奋，永不停息。

这个世界上，每个人都期待做一只凌空飞翔的雄鹰。但很多时候，我们不得不承认，现实是残酷的，不是每个人都是天才，有时我们甚至比别人愚笨。怎么办？没有雄鹰的天赋，就必须具有蜗牛般的毅力。即使是做一只蜗牛，只要慢慢爬行，永不停息，终究可以留下奋斗的足迹，爬向成功的彼岸。

这是因为，一个人成功与否，固然与环境、机遇、天赋、学识等外部因素相关联，但更重要的是自身的勤奋与努力。一分耕耘一分收获，勤奋使平凡变得伟大，使庸人变成豪杰。古今中外，那些意气风发的成功者，无不是勤奋刻苦的楷模，是勤奋铸就了他们内心的力量，促成了他们生命的辉煌。

例如，张溥抄书抄得手指生茧，终于写出了《五人墓碑记》这一千古流芳的名篇；李白拥有"铁杵磨成针"之勤，读书读得口舌生疮，故能斗酒诗百篇；杜甫有"读书破万卷"之勤，所以"下笔如有神"；王羲之日日临池学书，以致染黑了池水，后因"矫若惊龙"的草书而被尊称"书圣"……

有志者事竟成，十年磨剑，蓄势待发。

这其实很好理解，伟大的成功和辛勤的劳动是成正比的，付出多少，相应的就会有多少回报。越想成就一番大事，所要选择的道路就越发艰难。成功只有少数人才能拥有，这是对多干活、多流汗、多出力、多费心的回报。因此，如果你想在工作中出人头地，一个重要途径就是要勤奋，肯下苦功夫，肯脚踏实地。

一时勤奋并不难做到，但要一生勤奋却不是一件很容易的事情。因为，勤奋是一种持之以恒的精神，需要坚韧不拔的性格和坚强的意志，需要数年如一日地付出心血和汗水，需要时刻克制自己偷懒的思想，这一点只有具有工匠精神的人才能够真正做到，他们也因此能够书写生命的辉煌。

尼科罗·帕格尼尼的奋斗史就说明了这个道理。

帕格尼尼是意大利小提琴演奏家、作曲家，著名的音乐评论家勃拉兹称帕格尼尼是"操琴弓的魔术师"，歌德评价他是"在琴弦上展现了火一样的灵魂"。记者问帕格尼尼："您取得成功的秘诀是什么？"帕格尼尼回答："勤。"这里的"勤"指的就是勤奋，无论是在哪里，他都是以勤奋而闻名。

帕格尼尼的父亲是小商人，没受过多少教育，但非常喜爱音乐，他聘请了一位剧院小提琴手教帕格尼尼拉琴，那时帕格尼尼刚满七岁。在同龄人耽于玩乐时，帕格尼尼每天早上九点钟开始在家练习小提琴，一直到下午五六点钟才结束，他从不偷懒，勤勤恳恳，以至于就连做梦都在拉琴。就这样，帕格尼尼练就了娴熟的小提琴演奏技法，12岁时他把《卡马尼奥拉》改编成变奏曲并登台演奏，一举成功，轰动了音乐界。

之后，帕格尼尼开始跟着许多不同的老师学习，包括当时最著名的小提琴家罗拉和指挥家帕埃尔，他依然每天用大约12个小时练习自己的作品。1801年起的五年间，他隐居了起来，但是他并没有停止自己的创作，这一时期他完成了《威尼斯狂欢节》《军队奏鸣曲》《拿破仑奏鸣曲》等六首小提琴曲，并创造了小提琴与吉他合奏的奏鸣曲，大大丰富了小提琴的表现力。

1825年后，已经功成名就的帕格尼尼大可在家享受生活，但是他对待事业的勤勉丝毫没有消减。他往返于欧洲各地举行音乐演奏会，1828年在奥地利维也纳，1831年在法国巴黎和英国伦敦，1839年在法国马赛，然后去尼斯，这些演出均引起了轰动，也奠定了他国际演奏大师的地位。

学乐器的人是世界上最为勤奋的群体之一，他们的勤奋不是一时，而是一生。可以想象，如果心中没有一个强大的精神支柱，可能谁也坚持不了50年。帕格尼尼50年如一日地勤练小提琴，将勤奋发挥得淋漓尽致，最终印证了爱迪生所说的话："天才是百分之一的灵感加上百分之九十九的汗水。"

扪心自问，你是否像尼科罗·帕格尼尼那样勤奋学习，勤奋探索，勤奋实践，数年如一日地付出心血和汗水？请记住，也许你和你的工作都很平凡，但只要你能自律地勤奋起来，就有机会脱离平庸，迅速地朝优秀迈进，欣赏到金字塔顶的美丽风景。不过，厚积薄发是一个漫长的过程，慢慢来吧。

⟨6⟩
条理分明是我们手中的一个"魔方"

做事是否有条理，是判断一个人是否具备工匠精神的标尺。

能力再强的人，如果工作没有计划、缺乏条理，像无头苍蝇一样埋头于工作中，一会儿做这个，一会儿又去做那个，只会白白浪费自己的精力和时间。或许一天过去，看起来忙得不可开交，可该做的事情却没有做或者没有做好，收效甚微。相反，有条理、有次序的人即使才能平庸，但因为条理分明、做事严谨，也能不慌不忙、沉着冷静地处理各种事务，最终提高工作效率。

数学大师华罗庚曾经写过一篇统筹学的文章，举过这样一个例子。

比如，一个人想泡壶茶喝。当时的情况是：开水没有，水壶要洗，茶壶和茶杯要洗，火生了，茶叶也有了。怎么办？

办法一：洗好水壶，灌上凉水，放在火上；在等待水开的时间里，洗茶壶、洗茶杯、拿茶叶；等水开了，泡茶喝。

办法二：先做好一些准备工作，洗水壶，洗茶壶和茶杯，拿茶叶；一切就绪，灌水烧水；坐待水开了泡茶喝。

办法三：洗净水壶，灌上凉水，放在火上，坐待水开；水开了之后，急急忙忙找茶叶，洗茶壶和茶杯，泡茶喝。

显而易见，第一种方法最好，后两种方法都误了工。

如果我们能把这种条理分明的做事方法应用到工作中，可以想象，其效果与不懂得排序的效果有着明显不同，其中最显著的区别就是我们能最大限度地避免混乱的忙碌、低效率的忙碌。即使面对再繁杂的工作，我们也有可能做到井井有条，忙而不乱，并且让自己付出的努力更有价值。

所以，当你面对很多工作，不知如何着手时；当你浪费了大量精力而收效甚微时，你应该反省一下，你是否具备条理分明的工匠精神，具备对事情统筹安排的能力。或者更直接地说，你是否根据工作的规律、性质以及工作之间的联系对自己一天要做的工作进行了排序，使工作做到条理化。

这就涉及管理学上的"二八法则"，即意大利经济学家帕累托所提出的80/20法则，即要把80%的时间花在能出关键效益的20%的事情上。也就是说，你要善于对工作进行排序，千万不要把重要的工作都推到最后，更不要集中精神在一些无关紧要的事情上，而是重点去处理那些重要的事情。

为什么重要的事情要先做？道理很简单，每天总有几样事情等你处理，如果你总是急着处理事情，很可能将精力花在无关紧要的事情上，而重要的事情则一拖再拖，其间你的精力会被一点点地消磨掉。当你精神状态不好的时候，怎么可能把重要的事情完成呢？如此，工作效率怎么会高？

的确，凡事都有轻重缓急，重要性最高的事情，应该优先处理。那么，怎么区分工作的重要程度呢？在这里，提供给你一个好方法——ABC整理法，就是根据工作中的各个项目的重要和紧迫程度，按照最重要、重要和不重要三种情况划分为A、B、C三种，然后再有顺序地去进行处理。

理查斯·舒瓦普是伯利恒钢铁公司的总裁，这是一家拥有十几万员工的大型跨国公司。舒瓦普每天的各种工作就像雪花一样，使他不得不整天忙来忙去的，但他越来越感到力不从心，更为公司的低效率所担忧。怎样改变这种不良状况呢？舒瓦普左思右想，一筹莫展，最后决定不惜重金去向艾维·李寻求帮助，希望对方可以教给自己一套在单位时间内完成更多工作的方法。

艾维·李对舒瓦普说："好！我十分钟就可以教你一套至少可以把工作效率提高50%的最佳方法。如果你觉得方法确实管用的话，到时你就给我寄一张支票，并填上你认为合适的数字。"是什么方法让艾维·李如此有把握呢？他的方法是："你今晚需要做的事情是把你明天必须要做的最重要的工作记下来，按重要程度编上号码。最重要的排在首位，以此类推。早上一上班，你马上从第一项工作做起，然后再做第二项工作、第三项工作……一直做到完成为止。"

一周之后，舒瓦普填了一张2.5万美元的支票寄给了艾维·李。很多人对此不能理解，认为舒瓦普给出的报酬实在太多了，但舒瓦普却不这么认为。他说："先做重要的事情，我这一周的时间整整做了原来两周才能做完的工作，我认为这2.5万美元是我经营这家公司多年来最有价值的一笔投资！"

事情永远有轻重缓急之分，不要让不重要的事情耽误自己的精力。ABC整理法虽然看起来比较麻烦，但根据事情的轻重缓急来决定工作顺序，可以帮助我们理清思路，知道优先做什么，重要在哪里，避免对工作无从下手，甚至被牵着鼻子走，从而有效提高办事效率，如此，成功的资本也就强大了！

大体来说，ABC 整理法的分类如下：A 是必须做、最重要的事项，如管理性指导、重要的客户约见、重要的期限临近以及能带来领先优势或成功的机会；B 是紧急但不重要的事情，如各种突发的特殊情况；C 是不重要的事项，如不必要的应酬、某些关系不大的会议和一般性质的信件等。

总体来说，ABC 三级工作在工作总量中所占的时间分配是这样的：A 级工作是必须在短期内完成，需要立刻行动起来去做；A 级工作完成后，转入做 B 级工作，如果时间紧张，可以适当地推迟 B 级工作期限，也可以考虑授权给别人处理；对于 C 级工作，无论你多么感兴趣，都要尽量少在上面花费时间，或者安排在工作低谷时期进行，比如，有些会议内容与自己的工作没有什么关系，你大可利用此时间看一些与自己主要工作有关的材料，或者干脆不参与。

条理分明是我们手中的一个魔方，可以在职场之路上披荆斩棘。

成功者之所以会比别人成功，就是因为他们知道做工作需要章法，不能眉毛胡子一把抓，理清顺序，依次解决是很重要的。他们总是能按照轻重缓急的顺序做好计划，然后按照顺序一件件地解决，如此，即便是再大的任务量他们也能一步一步地去做好，在纷繁复杂的工作中做到游刃有余。

莫端是一家汽车公司的总裁，他每天需要处理公司上下繁多的事务，不停在响的电话、接待不完的客户、开不完的会议，以及多如牛毛的朋友聚会……不过他并不忙乱，甚至游刃有余，因为在对日常事务的协调安排上，他是一个善于分清轻重缓急，能够统筹兼顾，抓住"牛鼻子"的人。比如，他在处理下属呈递的需要签署的文件的时候，要求秘书把文件分类放在不同颜色的公文夹中。不同颜色的文件夹代表着不同的意义：红色的代表特急，需要立即批阅；绿色的可以缓一缓；橘色的代表这是今天必须注意的文件；黄色的表示必须在一周内批阅的文件；白色的表示周末时必须批阅；黑色的表示他必须要签字的文件。运用这种工作方式，莫端不仅大大提高了整个公司的运行效率，他本人也从纷繁复杂的工作中脱身出来，而不致忙得焦头烂额。

　　工作中，每天都有无数的事情等待着我们去处理，但事情永远有轻重缓急之分，花几分钟把你每天要做的事情做个优先排序吧。不管有多少事情正待处理，一定要先解决最重要的，把重要的事情先做好。每天如此，将有助于我们条理分明地做事，工作事半功倍，成为价值型员工便指日可待。

7
所谓优秀，其实都是"熬"出来的

你想让自己变得优秀吗？

相信对于大多数人来说，答案是肯定的。因为，一个人越是优秀，自我价值越高，在职场上的成就就越大。但并非人人都能如愿以偿，毕竟在通往优秀的道路上，不可避免地要有挫折，有磨难，有痛苦，有屈辱，那是一段异常艰难的时光，不是每个人都能忍受这其中的煎熬。

在一本关于世界奇特植物的书籍中，记录着地中海东岸沙漠中生长着的一种蒲公英的故事。这种蒲公英的奇特之处在于它不是按照季节来舒展自己的生命的，如果天空不下雨水，它们就会一直不开花，直到枯死。但只要有一场雨落下来，哪怕雨量再小，它们都会抓住这一难得的机会，迅速张开自己的花瓣，并抢在雨水被蒸发之前，做完播种、结籽、传播等所有的事情。

由于其独特性，这种植物受到了当地人们的喜爱，中东地区的居民常将它作为礼物送给亲友。犹太人就有这样的习俗，他们常把它赠送给拥有智慧而又贫穷的人。中东地区的居民之所以送人蒲公英，是因为只要把它埋在花盆里，浇上水就会开花。犹太人则认为，在这个世界上，穷人发展自己、提升自己的机会就像沙漠里的雨水一样少，但是他们只要拥有了像沙漠里蒲公英这样的品性，能够坚韧地生长，默默地等待，等到机会来时就紧紧抓住，就一定能够取得理想成就。

所以，千万不能只寄希望变优秀，你需要依靠一股熬劲才行。

"熬"字听起来很艰难，但这不是要你头悬梁锥刺股，你也无须上刀山下火海，只要拥有一种持久的恒心，一份坚定的信念。就像熬药、熬粥、熬汤那样，慢慢地熬，耐心地熬。"熬"的过程可以增强我们的心智，练就忍耐、沉稳与坚韧，没有一份工匠精神做后盾是很难做到的。

来看看丹·波特带领OMGPOP走向成功的故事就知道了。

2006年之前，有一个名为I'm in Like With You的网站，是一个供用户交流和玩游戏的社交网络，用户们可以在这里发布聚会和八卦消息。后来，美国人狄更斯·福尔曼将该网站转型为专业的游戏站点，改名为"OMGPOP"，并聘请丹·波特为OMGPOP的首席执行官。虽然公司位于时尚之都纽约，福尔曼和波特也非常年轻，六年中公司一共融资1700万美元，开发了35款游戏，但是他们的运气似乎总是差了一点点，这个游戏站点仍没能获得主流用户的认可。与公司的前期投入相比，公司微薄盈利简直就是杯水车薪，只能在不温不火、垂死挣扎中坚难前行。

眼看公司很可能被迫关门，福尔曼离开了OMGPOP另谋发展，波特则选择继续留在公司。他组织起一个五人团队，每天进行游戏研究，甚至走在街上、待在家中都在思索如何才能开发出一款好游戏。后来，看到儿子和朋友来回抛接球100次而没有落地，波特突然有了一个开发灵感。根据这个创意，波特开发出了一款名为《你画我猜》（Draw Something）的游戏。三个星期之后，这款游戏位居五十多个国家各类应用APP排行榜首位，今天《你画我猜》的下载量已经达到了1000万次，每天有六百多万的活跃用户，OMGPOP也因此摆脱了多年的低迷状态起死回生。

后来，谈及自己获得成功的原因时，波特不无感慨地回答道："游戏行业就是这样，有时即便你投入了大量的资金，也可能不会有什么成效，这就需要我们有钢铁般的意志，耐得住漫长的等待和煎熬。对于OMGPOP，年龄所带来的经验正是其获胜的优势之一，很高兴我们坚持下来了。在我看来，这世上并没有所谓的成功经验，如果非要说，成功经验就一条——熬出来。"

在互联网时代，整个节奏都是简单、快，又缺乏耐心，好像都希望一夜之间能够做成什么惊天动地的事情，但是匠人是没有这种焦虑的。匠心是要付出的，是付出了很多努力和心血，忍受了很多的孤独和寂寞，承受了诸多的痛苦和煎熬，却不抱怨、不诉苦，始终在不停积累和沉淀着。

那一段时光，生活窘迫又怎样，环境不好又怎样，困难再大又怎样，一再磨炼自己的意志力，找到自己身上强大的力量。匠心精神就是这样一种从量变到质变的过程，是一个价值创造的过程。所以，学着默默承受吧，熬过一段艰难的时光后，你想要的一切，必会在合适的时候实现。

8

成长永远比成功更重要

在职场上，是成长重要还是成功重要？

相信很多人会更加看重成功，而常常忽略成长，更有不少人企盼自己最好能一举成名、一夜暴富、一劳永逸。殊不知，这些都是短视行为，没有长远发展潜力，不成长怎么会成功呢？这就像造一所房子，只追求房子的高度，却不努力把地基夯实，房子怎么可能盖好呢，到了一定高度必会轰然倒塌。

成功是什么？按照世俗的定义，当一个人在社会上取得了财富、名誉和地位时，我们就说这个人成功了。但这一成功的定义本身就是有问题的，假如一个人继承了一笔遗产，或中了一次彩票，这种所谓的成功不是通过自身不断的完善和光明磊落的努力得到的，那有什么意义呢？！相反，当我们说一个人"成长"了，通常意义上不是指你的身体长高了，或者年龄长大了，而是指你自身的强大。它意味着你的思想更加丰富、能力不断提升、经验日益丰富、意志更加坚强……

自我价值实现不是某一伟大时刻的问题，不是在某日某时，号角一吹，一个人就永远地步入了万神殿。无论什么时候，对于任何人来说，自我价值实现都是一个过程，是一点一滴微小进展的积累。坚持不懈地追求进步，最大限度地发挥自身的潜力，做越来越强大的自己，才能使自身价值越来越大。

十多年前，刚刚从学校毕业的她步入了社会，体会到了找工作的艰辛，对于来之不易的工作她格外上心，工作也很努力。当时，她正值青春年少，却没有平常女孩那么丰富的生活，一直都穿梭在单位和家之间，日子很是枯燥。她大学学的专业是建筑，注定终日要与密密麻麻的图纸与工具书打交道，而且还要经常顶着烈日去建筑工地，与男同事们一起搜集第一手资料。

刚参加工作的时候，还有不少朋友拉她出去玩儿，可每一次，她都以工作忙推脱了。渐渐地，大家也发现了，她每天除了忙工作，闲暇的时候还要给自己充电。出于理解，朋友们也就不再打扰她了。多少个本该充满欢笑的夜晚，她一个人在昏黄的灯光下努力着。她比谁都清楚，在这个以男性占主导位置的行业里，如果不付出极大的努力和耐力，很容易就会被淘汰。所以，那些看似平常的娱乐活动在她的生活里都被彻底取消了，休息的时间也是一缩再缩，她把节省出来的时间全都用在了工作和学习上。

就这样，同事们看到这个全集团最努力的女孩儿，很快成长起来。她用了不到十年的时间，从最基层一路走到了集团的高层。不久之后，她所在集团公司竞标到了一个庞大的工程，而她则担任这项工程的总工程师。同行们简直不敢相信，这项重大工程的总工竟然是一个三十出头的年轻女人。一时间，她的周围响起了一片质疑声，所有与她一同合作参与这项工程的同行，都对把事情交给她全权负责有点放心不下。

对此，她并没有过多地解释，只是默默地扛着压力开始工作。

大家的担心不无道理，这项庞大的工程每天都有新问题出现，让人忙得连喘息的工夫都没有。每天东奔西走，她恨不得一天能有48个小时。为了工作，天生爱美的她决定在工程结束前，绝对不在工地上穿裙子，因为穿裙子比穿裤子行走要费时间。于是，大家后来常看到行色匆匆的她穿行在工程的每个岗位上，她把所有的精力投入到这项工程中。

工程的进程不断加快，出现的问题也越来越多，可周围的质疑声却没有开始时那么高了。没有人再去讨论她能否担得起重任，而是想尽办法与她一同去解决工程中出现的问题。随后的几年里，她与她的同事们几乎每天都盯在工地上，一刻不敢停歇。整整三年的时间，她真的没再穿过裙子，可她用时间和精力换来的，却是巨大的成功。

如今，每天都会有很多人为她和她的伙伴们建造的工程惊叹不已，她的名字叫陈蕾，那个万人瞩目的建筑杰作就是"水立方"。

成功是起点，不是终点，成功永无止境，在不断追求中激发能量。一个人可能不够成功，但不能不成长。而且，一个人的成功是和成长相连的，我们有理由相信，这样的成功会比较持久，这样的自我会更优秀。

是的，自我价值的实现是一个无比漫长的过程，往往需要耐心和坚持。那些优秀的匠人往往以一颗进取心坚持每天进步一点点——今天比昨天进步一点点，明天比今天进步一点点。每天让自己进步一点点，哪怕是1%的进步，365天日日如此，还有什么能阻挡得了我们最终走向成功呢？

如果你不相信，不妨再来看一个故事：

温雯从小就是一个普普通通的女孩，身材瘦小，貌不惊人，而且只有大专文化水平，却有幸在一家较有名气的外资企业任文员。当时爸爸给了温雯一条职场建议，就是每天进步一点点，"只要每天进步一点点，我就会为你鼓掌"。温雯有些不以为然，但爸爸却说："每天进步一点，一年就进步不少。"

刚进公司那段日子是最难熬的，老板只把温雯当成个只会干杂事的小职员，不停地派些零七八碎的事情让她做，从来没有表扬过她。温雯自知自己学历低、经验少，她铭记爸爸的教导，除了把工作做好外，还不断地学习，只要有空就认真翻阅并琢磨自己所能见到的各种文件。她坚定地相信："只要我每天多学习一项业务，有一点进步就是胜利。"温雯就这样不断地激励自己，一年后她对公司的业务可以说了如指掌，这为她接下来的工作打下了坚实的基础。

温雯的自信和专业，让老板一次次地刮目相看，不久就提拔她做了秘书，负责公司的日常事务。秘书工作需要协调各组的资源，帮助老板处理很多的问题，还有很多事情要学，这一切都是她之前没有接触过的。怎么办呢？于是，温雯又报考了职业培训班，风雨不误，她每天都会鼓励自己："今天我又学到了新知识，我是好样的，我会越来越棒的。"随着温雯各方面能力的不断提高，老板不但完全肯定了温雯的工作能力，而且有时还愿意听从她的"发号施令"。

对于自己的成功秘诀，温雯给出的答案是："没有什么，就是每天进步一点呗。"

每天进步一点点,听起来好像没有冲天的气魄,没有诱人的硕果,没有轰动的声势,可是今天进步一点点,明天也进步一点点,不断对自己进行挖掘,激发自己不断进取,你就能积累一种超凡的技巧与能力,获得更多的资源和平台。持之以恒地做下去,当你真正获得成长了,成功也就来到了。

同样,面对工作和生活中的种种挑战,我们都无须寄希望自己能一步登天,而应该牢记"每天进步1%"的理念,每天问问自己:"今天,我又学到了什么?""今天有没有进步和提高?""今天哪里可以做得更好?"……坚持踏踏实实地前进,坚持每天都进步,那么日积月累之后的效果将是惊人的。

在成长中成功,从平庸到卓越,加油吧!

第七章

不找借口找方法

匠人要有担当

如今这个时代，给我们带来很大的机遇，
也带来巨大的挑战。
其中最主要的一点是只要你有实力，有能力发展，
那么任你翱翔。要实现这一点，
就必须对自己有所要求，懂得努力向前进，
不断自我提高、自我完善、自我革新，
跟得上时代的潮流。
当你不断自我进化而非僵化，
也就有可能修炼成一流匠人。

1

问题就是机会，价值在于解决

在职场中，我们不可避免地要遇到各种各样的问题，这些问题就是横在我们面前的一道道坎，是迎难而上、勇敢地解决它，还是知难而退、遇到困难绕着走，或者是寻找任何借口或理由将它推卸给别人？请注意，你的选择将决定你在公司的价值高低，以及能在职场之路上走多远。

"三个和尚"的故事我们都听说过：一个和尚自己挑水吃，两个和尚还可以抬水吃，三个和尚互相推诿谁也不去打水，最后反而没水吃了。

在工作中，问题如果出现了，不要把它搁置或推卸，那样只会使问题越积越多，也不要侥幸地希望别人来接手，等和靠都是于事无补的，这样的人永远成不了职场中耀眼的成功人士。因为老板花钱雇请员工就是为了解决问题的，当一个员工不能为公司解决问题的时候，也就失去了自己的价值。

森林里的动物们在一起开会，要推举一位勇敢的国王来当上司和保护大家。一心想做国王的狐狸先开口说："各位，大家就选我做国王吧，因为在这个森林里我是最聪明的。"但大家没有选择狐狸，因为都清楚狐狸不具备领导和保护它们的能力，它们最终都选择强悍勇猛的狮子为王。

这个故事暗示了一个道理：在竞争日益激烈的今天，解决问题的能力是制胜的关键。

问题出现了，解决它才是唯一的出路。那些具有匠心精神的员工，无不具有这样一种职业素质。只要是在工作中出现的问题，他们的第一选择肯定是：解决它！任何工作都是由一个个问题构成的，当一个人能够妥善解决工作中层出不穷的问题时，也就具备了存在价值，自然能脱颖而出。

大学毕业后，董明和大学同学王培同时任职于一家广播电视台，担任普通的技术专员。刚开始，两个人的工作表现没有太大的差别，可是半年后，董明晋升为组长，王培却被老板辞退了。这是为什么呢？有一次，台里从德国进口了一套先进的采编设备，比现用的老式采编设备要高好几个档次。台长把这两个小年轻叫到办公室，说："我们台里新引进了一套数字采编系统，我希望你们能好好研究一下。"

董明和王培一看说明书居然全部是德文的，顿时有些蒙了，毕竟他们之前对德文一窍不通。这时，王培面露难色地说："台长，我连说明书都看不懂，我又刚毕业没有经验，我怕把设备搞出毛病来。所以，您还是找个懂德语的来研究吧。"说完，他向台长鞠了一躬就匆匆出去了。台长急切地盯着董明，董明虽然心里也没底，但他知道问题就是一次机会，所以很爽快地答应了。

接下任务后，董明就开始夜以继日地忙碌起来了。之前他对德文也是一窍不通，于是他就通过请教大学老师、在网上查阅资料、翻字典等方法将说明书翻译成了中文；在摸索新设备的过程中，他有很多不明白的地方，但他通过电子邮件，向德国厂家的技术专家请教。短短一个月下来，他已经熟练掌握了新采编设备的使用方法，在他的指导下，同事们也都很快学会了。

这样一来，台长对董明的好感大增，最终他不仅被升了职，还成了台长眼中的大红人。

从平凡的员工到"老板眼中的大红人"，董明实现华丽转身的关键就是他在面对问题的时候，本着对工作负责的态度，只要有问题就主动上，积极地解决公司的大小问题。这样的员工，哪一个老板会不喜欢呢？由此可见，害怕面对问题，把问题留给别人，就是把机会让给别人。

所谓价值型员工，其实就是最擅长解决问题的员工。"Buckets stop here！"这是美国前总统杜鲁门写在自己办公室门上的一句话，意为"让问题到此为止"。意思就是说只要在工作中发现问题，就一定要让自己负起责来，不要把问题丢给别人，要让所有问题都在自己手里彻底解决掉。

也许，你会说："我从事的工作根本就没有什么价值，能有什么问题呢？"事实真的是这样吗？不，如果一个人从来不觉得工作中有什么问题，那是因为他缺乏自动自发的工作态度。只要你积极主动地寻找，再简单枯燥的工作也多多少少存在问题，因为没有问题的公司几乎是不存在的。

年轻的安利卡曾经在一家汽车制造公司的生产车库做一份简

单枯燥，甚至连小孩儿都能胜任的工作——按照汽车设计师画出来的图纸，将汽车门把手的32个零件一一安装起来，没有什么技术要求。没几天，安利卡就厌烦了这份工作，他想辞掉这个工作，但苦于一时半会儿也找不到别的工作，只好继续坚持着。

闲来无聊时，安利卡就看图纸研究这32个零件分别对汽车门把手起着什么作用。一段时间后，安利卡向设计师提出汽车门把手零件太多，有些实际上可有可无，并一一指了出来。设计师十分重视安利卡的意见，对门把手进行了重新改造，结果将零件从32个减少到了18个，这样一来，公司的采购成本就减少了2/5，安装时间也节省了3/4，安利卡也受到了公司的重用。

问题就是机会，价值在于解决。工作中能否解决问题，表面看起来与机遇没有关系。但是，只要把工作中的每一件事都干好，把遇到的每一个问题都处理好，那么你就能将工作做到最好，帮助自己更快地成长。当你价值越来越高时，自然能得到领导的重用和提拔，最终开启成功的大门。

为此，我们要从为公司和自身负责的角度出发，时刻保持清醒的头脑和活跃的思维，多学习、多思考，经常性、及时性地和老板、同事请教，取长补短，集思广益，全面地掌握更多的工作技巧和方法。如此，不仅自身能力得到了提高，而且你也能站在一个"专家"的高度，发现问题、解决问题。

2

平庸的工匠找借口，优秀的工匠找方法

在日常工作中，经常听到有人这样说："因为下雨堵车了，所以我才迟到了""都怪那个客户太挑剔了，我无法达到他的要求""手机没电了，所以我才没有及时联系上那个客户"……借口就像海绵里的水，只要有心去寻找，我们总能找到借口为自己的过失开脱或搪塞，获得些许的心理安慰。

可是，这样做的结果会怎样呢？

某家大型企业最近一个月的业绩明显下滑，老板非常着急，于是召集各部门负责人开了个月度总结会。在会议上，老板让公司的几个负责人讲一讲业绩下滑的原因。

销售经理首先站起来说："最近销售做得不好，我们部门有一定的责任。但是，主要原因不是我们不努力，而是竞争对手纷纷推出新产品，他们的产品明显比我们的好。"

研发部门经理说："最近，我们推出的新产品非常少，因为原本不多的预算，后来被财务部门削减了不少。依靠这些资金，我们根本研发不出有竞争力的产品。"

财务经理说："我是削减了你们的预算，但是你们要知道，公

司的采购成本在上升,我们的流动资金没有多少了,公司面临很大的财务压力。"

采购经理忍不住跳了起来:"不错,我们的采购成本是上升了,可是你们知道吗?菲律宾的一个锰矿被洪水淹没了,导致了特种钢的价格上升。"

大家说:"原来如此,这么说这个月的业绩不好,主要责任不在我们啊,哈哈……"

最后,大家得出的结论是:应该由菲律宾的矿山承担责任。

面对这种情景,公司的老板无奈地苦笑道:"矿山被洪水淹了,这样说来,那我们只好去抱怨那该死的洪水了?"

故事中的这些部门经理宁愿绞尽脑汁去寻找借口推卸责任,也不愿意多花点心思把事情做好。一旦所有的部门都形成了这种风气,就会造成整个团队的责任心消失殆尽,毫无锐气和斗志,变得拖沓而没有效率,最终企业将走向没落。"树倒猢狲散",最终公司和个人都要为这种推卸责任的恶习买单。

很多企业都要求自己的员工做到:只为结果找方法,不为失败找理由。很显然,工作需要的是结果,是业绩,借口再多、再动听都不会对工作结果产生影响。不找任何借口去执行,是真正尽职尽责、胜任岗位的表现,具备这种精神的人是每一个企业都需要的,这样的人也值得被信赖和尊重。

在1968年墨西哥城奥运会马拉松比赛上,坦桑尼亚的选手艾克瓦里吃力地跑进了奥运体育场,他是最后一名抵达终点的选手。这场比赛的优胜者早就领了奖杯,庆祝胜利的典礼也早已经结束。

因此，艾克瓦里一个人孤零零地抵达体育场时，整个体育场几乎空无一人。艾克瓦里的双腿沾满血污，绑着绷带，他努力地绕完体育场一圈，跑到终点。他开心地笑着，并用握成拳的右手向空中用力地举了举。

在体育场的一个角落，享誉国际的纪录片制作人格林斯潘远远地看着这一切。接着，在好奇心的驱使下，格林斯潘走了过去，问艾克瓦里，为什么在受伤的情况下还要这么吃力地跑向终点？要知道比赛早已经结束了，没有谁会在意他是否跑到终点。这位来自坦桑尼亚的年轻人轻声地回答说："我的国家从两万多公里之外送我来这里，不只是让我在这场比赛中起跑的，而是派我来完成这场比赛的。"

多么感人、质朴的话语。假如艾克瓦里中途放弃的话，没人会怪他，而且会有"第一次参赛，经验不足""精神状态不佳"的借口，坦桑尼亚人估计还会说他虽败犹荣……但是，他用实际行动向世人证明责任需要的是承担而不是借口。他以另一种方式赢得了全世界的尊重，这种尊重甚至超过了奥运会冠军。

平庸的工匠找借口，优秀的工匠找办法。

在工作中，每个员工都应该抛弃找借口的习惯。不找任何借口，专注工作目标，就可以没有私心杂念，把精力专注于工作；不找任何借口，全力以赴做事，就可以更好地挖掘自身的潜力，不断提高自己的能力；不找任何借口，勇敢承担责任，才可能尽最大的努力把事情做好，工作效率就会更高。

卡罗·道恩斯原是一家银行的职员，但他却主动放弃了这份职业，来到杜兰特的公司工作。当时杜兰特开了一家汽车公司，这家汽车公司就是后来享誉世界的通用汽车公司。道恩斯在工作中尽职尽责，力求把每一件事情都做到完美。工作六个月后，道恩斯给杜兰特写了一封信。道恩斯在信中问了几个问题，其中最后一个问题是："我可否在更重要的职位从事更重要的工作？"杜兰特对前几个问题没有作答，只就最后一个问题做了批示："现在任命你负责监督新厂机器的安装工作，但不保证升迁或加薪。"

杜兰特将施工的图纸交到道恩斯手里，要求他依图施工，把这项工作做好。道恩斯从未接受过任何这方面的训练，他甚至连图纸都看不懂，但他明白，工作没有借口，困难再大也要完成，决不能轻易放弃。道恩斯知道自己的专业技能不强，便自己花钱找到一些专业技术人员认真钻研图纸，又组织相关的施工人员，做了缜密地分析和研究。虽然其间遇到了各种各样的难题，但他都没有找理由推掉这项工作，而且还提前一个星期圆满完成了公司交给他的任务。当然，卡罗·道恩斯也达成了自己的心愿，他获得了非常重要的职务——通用汽车公司的总经理，年薪在原来的基础上在后面添了个零。

与其浪费精力去寻找一个像样的借口，还不如多花时间去寻找解决方法。

任何奇迹都是人创造出来的，所以不要轻易为自己找借口。当我们一开始就专注于如何做好工作而不是寻找借口，用负责任的态度去对待每一件事，竭尽全力完成好自己的任务，相信就没有什么难题能够难倒我们，如此也就能在职场这个战场上攻无不克、战无不胜，脱颖而出是迟早的事情。

3

不想当大师的匠人不是一流匠人

职场中，我们经常听到这样一些说辞："人家天生就是好材料，咱哪里比得上呢？""我能有什么出息，混口饭吃呗！"……殊不知，这种缺少自我挑战、自我突破的想法，习惯于安于现状的心态，是对自我潜能画地为牢，会束缚一个人的意识和能力，使自己无限的潜能化为有限的成就，再过十年也是停留在原地，无法前进。

杰克和同胞弟弟洛克都是船员，他们从18岁就开始做水手了。然而十几年里，洛克由水手升到水手长、大副，再到另一艘船的船长时，杰克还只是船上的一名普通水手，职业生涯碌碌无为。为什么会出现这种差异呢？

当初，洛克向哥哥提议想做一名船长时，杰克一听，马上就跳起来说："你快醒醒吧，要知道我们的祖父、父亲都是水手，我们怎么可能当船长呢？你也是，老老实实地干活才是最重要的。"因为在潜意识里，杰克一直认为自己只是一个当水手的料。

与之不同，洛克对当时的状况极度不满，他不甘心于一辈子就这样下去，他认为虽然祖父、父亲都是水手，但是并不代表自己也只能做水手。这种挑战自己的意愿，转化为追求新生活的行动，只要一有时间他就培养自己船长的素质和能力。待老船长退休时，洛克被推上了船长之位，当然他也不负众望。

人生有多大的成功，我们谁也不知道，谁也不能提早下结论。不过，心有多大，舞台就有多大，一个人的思想高度往往决定一个人的人生高度，正如莎士比亚剧本里的一句台词："亲爱的布鲁图，其实真正该责备的并非宿命，而是我们自己，是我们自己决定了我们只会是微不足道的人。"

回顾历史，我们会发现那些伟大的人物之所以能够取得惊人的巨大成就，从平庸走向卓越，乃是他们对自己提出了超出一般人的期许，坚信自己的愿望会实现，不断地挑战自我、挑战自己的极限，进而激发内心的无限潜能，产生坚决而有力的行动，不断地完善、提高自己，从而命运随之发生变化。

一天，一位年轻人来到美国通用汽车公司应聘。这是一个年仅24岁的年轻人，面试的人很直接地回复他："公司只有一个空缺的职位，这个职位太重要了，竞争也很激烈，你是新手很难应付，所以不好意思……"但是，年轻人很坚定地回答："不管工作多么复杂或棘手，我都可以胜任。说实话，我将来要成为通用汽车公司的董事长的。不信的话，你等着看吧。"

"什么？你想当通用汽车公司董事长？"面试官觉得这很不可思议，心想"这个年轻人太自不量力了吧？我在这家公司待了好几年了，也不曾有过这么大胆的设想"，但看着年轻人自信的笑容，他决定给他一个试用的机会。如果他真的很有能力，那么就正式聘用；如果他只是吹牛的话，就当给他一个教训。

年轻人踏进通用公司大门后，总是以董事长的作风来要求自己，例如他总是每天第一个到公司，最后一个离开公司，工作上比别人都积极努力，不怕苦，不怕累，而且他的确表现出了不可思议的能力。领导交给他一项任务：对国外子公司情况进行评估，他提供的报告长达一百多页，条理清楚、资料翔实，比他的上司做得都好。接下来，他被正式聘用了，他觉得自己离董事长的位置更近了，更加卖力地工作。32年之后，这个名叫罗杰·史密斯的年轻人真的成为了通用汽车公司的董事长。

在很多人看来，罗杰·史密斯年轻时说得那一番话，简直就像是痴人说梦，真是不知天高地厚。一个刚来面试的人，竟然号称要做公司的董事长，这怎么可能？可事实上呢？罗杰·史密斯做到了。因为他从内心深处就不甘于平庸，他有自己的人生规划，这正是个人成功的前提和保障。

在这个平等的社会中，没有人生来就拥有一切，也没有人不能够拥有一切，关键是你是否敢于挑战自己。不想当大师的匠人不是一流匠人，只有心怀当大师的目标，用大师的标准来要求自己，不断挑战自己，不断提高自己，才能使自己达到更高标准。相信那时候，你走到哪里都不会被人拒之门外。

4

放下"不可能",你就真的"可能"

　　老板都希望自己的员工是一群敢想敢干、充满闯劲的人,然而,不少员工都有一种谨慎小心、安于现状的心态,害怕承担责任和失误,不敢相信自己能有所成就,总是说:"怎么可能,我一定不行,我的学历太低了,我的能力也不高""他都不行,我当然更不可能了"……从而,一辈子庸庸碌碌。

　　是真的不可能吗?

　　当全世界都认为中国是贫油国的时候,李四光却带领着他的地质队找到了一个又一个蕴藏丰富的油田,把"不可能"变成了"可能",给了世界一个无比肯定的答案;当莱特兄弟在经营自行车行的同时,动手研制能在天空中飞行的飞机的时候,人们都说"不可能",但经过不懈的努力,飞机终于上天了,并且很快成了时速最快的运输工具,莱特兄弟把"不可能"变成了"可能"……

　　诸如此类的例子还有很多,其实这些都说明,有些事情一些人之所以不去做,很多事情之所以看上去不可能,那只是因为我们认为不可能而已,其实有许多不可能只存在于我们的想象之中。很多时候,很多事情,如果不尝试,你永远不会做好。去做了,尝试了,才会将"不可能"变成"可能"。

人能在4分钟内跑完1英里（1英里≈1.61公里）吗？1954年之前人人都认为不可能。但英国选手罗杰·班尼斯特却打破了这个观念，他是如何打破"不可能"的魔咒的呢？就是因为他懂得和自己说"是的，我可以！"

1945年瑞典人根德尔·哈格跑出4分01秒4的人体"极限"成绩，此后八年没人能够超越这个成绩。在这沉寂的八年中，就读于牛津医学院的罗杰·班尼斯特发誓要突破4分钟极限。尽管遭到了别人"不可能"的否定，但班尼斯特却时常这样告诉自己："是的，我可以！"他独自坚持训练着，风雨不误。

终于在1954年5月6日，班尼斯特打破了关于"极限"的这个概念。当他冲过终点线时，比赛现场的广播员激动地说道："新纪录诞生了，这是新的欧洲纪录，也是新的世界纪录，时间为3分59秒4。3分59秒4——班尼斯特突破了不可能的障碍，成为了人类突破自身极限的永恒象征。"

那一晚上，班尼斯特出现在伦敦电视台。对于自己的成就，他很淡然地说："人类的精神就是永不服输的精神，我深信自己能够打破这个纪录，并不断地这样暗示自己，久而久之形成了极为强烈的信念，最终完成了这个'不可能'。"

因为始终相信自己，经常用"是的，我可以"提醒自己，罗杰·班尼斯特不畏惧困难，艰苦训练，最终成功打破了世界纪录。的确，不管在怎样的境况下，愿意相信自己"能"，始终认定自己是一个赢家，从来都不怀疑自己的人，他们的内心会被注入一股巨大的力量，引发一系列积极的反应，最终得偿所愿。

不可否认，人都有这样一种心理：当一项新的任务和挑战摆在眼前，尽管内心相信自己能够做好，但仍旧少不了担忧和害怕。其实，自我怀疑是很自然的事，关键是我们要学会控制自己的思想，千万不要因为害怕做不好而不去做，也不要反复地问自己："我行吗？"试想，你自己都不相信自己能行，那谁还能相信你呢？而且，还没有做一件事情，你就先担心"我不行"，如此怎么可能有勇气开始呢？

你最终能否取得成功，一切均取决于你自己。哈佛教育学院教授克莱里·萨弗让曾说过，关于信心的威力，并没有什么神奇或神秘可言。信心起作用的过程是这样的：相信"我能行"的态度，产生了能力、技巧与精力这些必备条件，即每当你相信"我能行"时，自然就会想如何去做的方法。

瑞恩是一个普通的加拿大男孩，一天这个一年级的小学生听老师讲了非洲的生活状况：孩子们没有玩具，没有足够的食物和药品，没有洁净的水，很多人因为喝了受污染的水而死去……他深受震惊，放学回到家后，他对妈妈说："70加币就能帮非洲人打一口井，好让他们有干净的水喝。妈妈，您给我70加币吧。"

对瑞恩这个善良的想法，妈妈是很赞许的，但70加币对于一个普通家庭来说不是小数目，妈妈不得不直接告诉瑞恩："我们负担不起。"妈妈期待瑞恩会慢慢淡忘这件事，但他每天睡觉前都祈祷能让非洲人喝上洁净的水，"我一定要为他们挖一口井"。见瑞恩对这件事情是如此的认真，再三考虑后，妈妈决定让瑞恩在承担正常家务之外自己挣钱，吸两小时地毯挣两加币，帮家里擦玻璃赚一加币……所有这些钱，都被瑞恩存了起来。三个月过后，

70加币就快凑齐，而瑞恩的母亲通过一个非营利性组织发现，70加币只够买一个水泵，挖一口井则差不多得要2000加币。

"孩子你已经尽力了，但你真的不能改变什么。"妈妈对瑞恩说。

"不，我可以！"瑞恩态度坚决地说道，"只要我做出努力，就能够改变世界。"瑞恩决定找同学们帮忙，他在讲桌上放了一只水罐，让大家把自己节省下来的零钱放进去。他还请求妈妈给家人和朋友发了电子邮件，很快有人回信了："我很感动，我想捐一些钱帮助瑞恩。"一个记者觉得这个激动人心的故事应该登报发表，不久瑞恩的故事出现在肯普特维尔《前进报》上，题目就叫《瑞恩的井》。

就这样，瑞恩的故事开始迅速传遍加拿大，人们被其深深感动了，纷纷加入到"为非洲孩子挖一口水井"的活动中。五年过去了，这个梦想竟成为一项千百人的事业，在缺水严重的非洲乌干达地区，有56%的人能够喝上纯净的井水了。这个普通的男孩儿瑞恩，也被媒体称为"加拿大的灵魂"。

世界是属于勇敢者的。喊着"我不行"的人，肯定竞争不过喊着"我能行"的人。

在工作中，一定不要相信有什么事情是你不能做的，只要你坚信你就一定可以。在心里多念几次："我能行！"，并将这一信念运用到实际生活和工作中去。慢慢地，你就会发现，真的没有什么是不可能的！相信，你也会如愿成为一个价值型的员工，像那些优秀匠人一样拥有辉煌成就。

5

既然别人都不愿做，那就由我来做

在职场中每个人都渴望受到领导的赏识，得到提拔重用，但是为什么成功的只是一小部分人呢？因为很多人在面对工作时，都拈轻怕重甚至是挑三拣四，不喜欢做一些看上去不太体面或者是费力不讨好的工作。殊不知，正是做好这些别人不愿意做的工作才最能体现一个人的良好素质。

成功者所从事的工作，是绝大多数的人不愿意去做的。或者，更准确一点说，我们每个人的智商其实都是差不多的，大家都想做的事，一定会竞争激烈，相对你自己来讲机会就很少了。而那些别人都不愿意做的事情，因为竞争者较少，所以你的机会就会更多，容易取得事半功倍的效果。

梁伯强出生于广东梅州市梅县区一个知识分子家庭，他18岁出道，曾经先后在广东、澳门、香港三地经商办厂，行业涉及旅游纪念品、烟草、电镀。可梁伯强心里不踏实——企业虽然不再为生存发愁，但当机会越来越多，选择越来越多时，企业该走向哪里？他反而犹豫不决了。直到1998年的一天，梁伯强在一张包东西的旧报纸上，意外地发现了一则过时的新闻：朱镕基总理在接见全国轻工集体企业代表时，以指甲钳为例要求轻工企业努力提高产品质量。

当时国内的指甲钳工艺不成熟，投入生产周期长，利润又小，大企业不愿做，小企业做不来。梁伯强眼前一亮，决定让中国的指甲钳走上品牌生产道路。此后，他耗时一年先后考察了德、美、意、韩、日等二十多个国家的指甲钳生产厂家，摸清了国外指甲钳行业的详细情况，并且前前后后进口了一千多万元的产品，为的就是得到最先进的技术。最终，他选定把国外的"圣雅伦"品牌引入中国。

回到国内，梁伯强又请来了指甲钳及刀剪行业的各路专家，以解决产品的质量问题。各路专家在借鉴国外生产工艺的基础上，改进传统工艺，设计出了更为锋利的剪切型刃口。1999年12月，在北京展览馆举办的"国际礼品展"上，"非常小器·圣雅伦"以质优价廉的形象赢得了人们的关注，引来了大批的代理商和分销商。时至今日，"非常小器·圣雅伦"已经拥有四百多名员工、三百多个指甲钳品种，在指甲钳行业成为了中国第一、世界第三的"巨无霸"，年销售额过亿元。

做别人都不愿意做的事，并把它做得更好，你就会取得成功。

在职场上，越是在别人不愿意做的事情上下功夫，越容易出成绩。因为当别人都不愿做，你却主动去做的时候，这是一种工匠责任的体现，不仅可以赢得上司的认同和赞赏，还可以锻炼自己的能力和意志。当你全心全意地做这件事情的时候，就会看到别人看不到的角度，得到别人得不到的机会。

泰克是在华盛顿某电视台工作的初级广告销售代表，作为一名刚入行的年轻人，在竞争如此惨烈的情况下，他明白自己必须比其他同事更加努力工作才能获得成功。工作期间，泰克总是主动去做更多的事情，公司的客户电话簿旧了，他会主动将电话号码誊写到新的电话簿上；老板要打印客户资料，他总是第一个跑到打印机前，他说得最多的一句话就是："来，让我做吧。"

有一次，台里需要有人来负责销售政治类广告，这是一个比较棘手的工作，要做好这份工作不仅要有丰富的经验，而且要付出比平时更多的时间和精力，更关键的是没有业绩也就没有提成，因此没有人肯接受这个"烫手山芋"。怎么办呢？正当公司一筹莫展的时候，泰克觉得既然别人都不愿做，那他就来做，而且自己在大学期间曾阅读过不少与华盛顿政治相关的书籍，对此会很有帮助。于是他主动找到领导，向领导表达了他希望做负责人的想法，还上交了一份关于未来工作计划的报告。

工作最初，泰克在市场调查、客户开发上遇到了很多困难，但他毫无怨言，马不停蹄地四处奔波，经常工作到半夜，一天只睡5个小时。就这样，一年的时间泰克掌握了本领域最全面的市场信息，拥有了相当数量的客户，也积累了丰富的知识与技能，将工作做得红红火火。最终，他不仅变成了高端商业客户的高级销售经理，而且还成了老板眼中的大红人，可谓业务和仕途双丰收。

瞧，很多成功的人不一定有多高的天赋，也不一定比别人运气好，他们只不过比普通人更主动而已。别人不愿意去做的事，他们去做了，而且是全身心地去做，努力地去做好。然而，也正是这看似不起眼的事情，最终决定了他们的收获比别人多了一大截，因此他们成为了人人羡慕的成功者。

去做别人不愿意做的事情吧，或许这就是你获得成功的一个机会。

6

将竞争对手变成最好的协作者

人们常常把职场比喻成不见硝烟的战场,尽管这种说法有夸大之嫌,虽然这个战场不需要流血牺牲,但是其竞争的激烈程度也是非常惊人的,毕竟这关系着人们的饭碗,关系着自己的切身利益。每一个职场中人都难免会遇到竞争对手,同自己在工作上你追我赶,在升职加薪面前你争我抢,时时威胁着自己。

然而,对手并不意味着是我们"势不两立"的敌人,我们不能产生埋怨、防备和忌恨心理,更不能使用不光彩的手段在背后使绊子。因为,即使用旁门左道的办法一时领先了对手,也必将不能长久。要保持对竞争对手的优势,最好的办法就是以对手作为激励自己不断进步的目标,在工作中以极强的责任心提升自己的能力和价值,只要自己有真本领在手,就无惧任何竞争。

德国是拥有多个世界级名牌汽车公司的国家,其中奔驰和宝马最为出名。

有记者问奔驰的老总:"奔驰车为什么会持续进步、风靡全世界呢?"

奔驰老总回答说:"因为宝马将我们撵得太紧了。"

记者转问宝马老总同一个问题,宝马老总回答说:"因为奔驰跑得太快了。"

奔驰与宝马的竞争结果是，两家公司都成为一流名牌，所以它们不得不把竞争的目光从德国转移到全世界，最终都成为世界级名牌。

美国的情况也是这样，就在可口可乐如日中天时，竟然另外有一家同样高举"可乐"大旗，宣称要成为"全世界顾客最喜欢的公司"，这就是百事可乐。之后，百事可乐和可口可乐展开了激烈的市场争夺战，它们在交锋中越战越强，销售量大幅度增长，实现了各自的不断壮大，成为风靡世界的饮料品牌。

没有竞争，就没有更好的发展；没有对手，自己就不会变得更强大。无论是德国的奔驰和宝马，还是美国的百事可乐和可口可乐，这些公司的上司和员工均没有急于排斥对手，而是因积极地投入到竞争，把对手当作督促自己进步的力量，不断提升自己的价值，进而保持了强大的、持续的竞争力。

而对于职场上的我们来讲，在这个快速发展、不断变化的互联网时代，如果不向前进取，就得出局。竞争的意义就在于，你要想比别人跑得快，就要付出更多的努力，否则就只有等待着被淘汰。在竞争中你必须自觉地去努力，做到更好，很多时候这就是赢取成功的关键所在。

大凡是取得成功的人，都善于将"死对头"变成最好的协作者，善于从他们那里获得更多的前进动力。

孙淼在一家电台做体育频道总监，与他同级的还有两位总监，其中音乐频道的陈晗，业绩做得不错，唯一的缺点就是个性太强。工作中业务"撞车"有时是难免的，有竞争也是很正常的，陈晗自恃个人工作能力强，看谁都不顺眼，每天与孙淼和另一位交通频道的总监在台里上演"对手戏",明争暗斗抢业务的事情经常发生。这位交通频道的总监也不是吃素的,主动提出和孙淼"联手",要将陈晗挤出去。

孙淼却拒绝了这一计策,他解释说:"陈晗的工作能力的确没得说,职场中有对手是件好事。取其之长补己之短,端正自己的工作态度,虚心学习,努力提高自己的业务水平才是王道。"他不仅对陈晗的态度和和气气,而且每逢音乐频道有活动需要协助时,他总是二话不说,积极地出点子、找路子,而且组织自己的客户积极响应。为了更好地完成工作,有不懂的地方,他会诚恳地向陈晗请教。节假日的时候,孙淼还会主动邀请其他两位总监一起出去喝喝茶、聊聊天,谈谈工作计划。就这样,陈晗对孙淼他们的态度慢慢缓和了,台里许多的矛盾和冲突化解了,也避免了一些不必要的损失。

一花独放不是春,百花齐放春满园。当三位总监其乐融融地工作,力气往一块使的时候,整个台里的工作气氛都是积极向上的,这也赢得了客户的认可和支持,为台里带来了许多的经济利润。工作能力不断得到彰显,又有好的人脉关系网,孙淼不仅没有被陈晗"干掉",还被任命为台里的副台长。

由此可见,对于一个具有匠心精神的人来说,竞争对手不是自己的敌人,而是自己的贵人。他们会将竞争当作自己不断努力的动力,无所畏惧地参与竞争,时刻提醒自己不能松懈,时刻保有无穷的动力,积极主动地去做事,进而不断提升个人价值,并越来越接近自己预定的目标。

在竞争中成长,在成长中竞争,比对方做得更好。信守这个道理,你将是最大的赢家。

第八章

坚定地做自己

匠人要有定力

工匠这条路，一旦踏上，再难也要走下去。
这份职业会让人上瘾，真正坚持下来的人，
一定经历过重重坎坷，
这需要顽强的意志力来支撑，
需要一种百折不挠、勇往直前的拼搏精神。
人在职场，也要走得稳健，
每一步都要留下深深的印记，
走得坚如磐石，方能创造价值。

1

匠人不在意质疑，只在乎专心做事

院子里，一群青蛙正在一个高高的葡萄架下叽叽喳喳地讨论，它们决定组织一场攀爬比赛，看谁能最先爬到架顶。有十几只青蛙报名参加比赛，比赛很快开始了。剩下的青蛙们围着葡萄架看比赛，它们一边给那十几只雄心勃勃的青蛙加油，一边窃窃私语："哎呀，这太难了！没有谁能爬上去的！"

"是啊，可能会掉下来摔死！"望着高高的葡萄架，青蛙纷纷摇头。

听到这些"泄气"的话，一只接一只的青蛙开始败下阵来，退出了比赛。最后，只剩下一只最小的青蛙正一声不吭地慢慢往上爬着，仿佛要使出全身的劲儿一样。在众青蛙的注视下，这只青蛙终于成为了唯一一只到达葡萄架顶的胜利者。颁奖的时候，大家问这只青蛙哪来那么大的力气爬上葡萄架顶？这只青蛙什么都不说，只是微笑地看着大家。原来，它什么都听不见，是一个聋子！

总是有一些时刻，自己所做的事情不被别人理解，当自己的梦想被告知是白日做梦的时候，当自己的努力被贬低得一文不值的时候，请千万不要因为他人质疑的眼光而游移不定，不要陷于别人对自己的评论之中，也不要因为别人的一句话、一个眼神等影响到自己，轻易地放弃或者怀疑自己的人生。

毕竟，人最终依靠的不是别人，而是自己。

约翰从小跟着父亲长大，他的父亲是一个马戏团的工作人员。在很小的时候，约翰就跟着父亲东奔西跑，不停地更换学校。在一所学校的作文课上，老师给出的题目是描写自己长大后的理想。小约翰十分地兴奋，他洋洋洒洒写了七张纸，描述他的宏大志愿，那就是想拥有一座属于自己的牧马农场。为了让这一切看起来更加的真实，小约翰甚至仔细画了一张农场的设计图，上面标有马厩、跑道等的位置，然后在这一大片农场中央，还要建造一栋占地400平方米的豪华别墅。

约翰花费了很长时间来完成这个作业，并将作业交给了老师。原本期望得到老师表扬的小约翰将自己的作业本拿回以后大吃了一惊。在作业本的第一面上，老师打了一个又红又大的F，旁边还写了一行字："下课后来见我。"心中充满疑惑的他下课后带了报告去找老师："为什么给我不及格？"老师回答道："你现在还很年轻，不要老做白日梦。你没钱也没有显赫的家庭背景，什么都没有。要知道，盖座农场可是一个花钱的大工程，你需要花钱买地、花钱买纯种马匹、花钱照顾它们。"然后老师接着又说："如果这次你肯重写一个靠谱的志愿，我会给你打你想要的分数。"

小男孩回家后反复思量，然后向自己的父亲征求意见。父亲只是告诉他："儿子，这是非常重要的决定，你必须自己拿主意。"再三考虑后，他决定原稿交回，一个字都不改，他告诉老师："即使不及格，我也不愿放弃梦想。"

几十年后，这位老师收到一份来自农庄的邀请函，而农庄的主人就是曾经的小男孩约翰。

人最难对付的就是自己，最强大的也是自己的内心。世上没有任何一种东西可以让所有人都满意，在我们的工作、生活中，被别人指指点点，甚至被完全否定的事情早就已经见怪不怪了。一个员工要想提升自我价值，做自己想做的事，认准了的事就不要轻易更改，义无反顾地去做就对了。

匠人不在意质疑，只在乎专心做事。

这里有这样一个故事，颇有启迪性：

他是英国一位年轻的建筑设计师，除了年轻，他一无所有，但承蒙幸运女神的眷顾，他有幸参与了温泽市政府大厅的设计。他对这一份工作很是上心，先后设计了多种方案，希望拿出最完美的设计。最后，他运用工程力学知识，并依据自己的工作实践，很巧妙地设计了只用一根柱子支撑大厅天花板的方案。经过一年多的施工，大厅终于建好了，看起来十分完美。然而，当时许多参与人员对这一根支柱提出了异议，他们认为用一根柱子支撑天花板太危险了，要求再多加几根柱子。

面对众人的质疑，这位年轻的设计师固执己见，他相信自己的设计是万无一失的，这一根柱子足以保证大厅的稳固。他将相关数据和事例详细地列举了出来，并一一分析给大家看。可是，人们从未见过这样的设计，都认为这样不合理。但年轻的设计师拒绝了大家的建议，他的固执惹恼了人们，险些被送上法庭。在万不得已的情况下，他只好在大厅四周增加了四根柱子。之后，这座市政府大厅矗立了三百多年，市政府的工作人员换了一茬又一茬，市政大厅坚固如初。

直到20世纪后期，市政府准备修缮大厅的天顶时，发现了一个令所有人无比惊讶的事。原来，当初添加的那四根柱子全部没有接触天花板，而是与天花板间相隔了无法察觉的两毫米。这位年轻的设计师就是克里斯托·莱伊恩，事后人们在他的日记里发现了这样一段话："我很自信自己设计的合理性。至少100年后，当面对这根柱子时，你们会哑口无言。我要说明的是，你们看到的不是什么奇迹，而是我对自信的一点坚持。"

一件事仁者见仁，智者见智，你听谁的？还是要听自己的。

克里斯托·莱伊恩成功了，他在最艰难的时候，告诉自己，不管多少人质疑自己的做法，都要肯定自己，相信自己。拥有自己的见解，坚守自己的观点，会使我们的内心产生一种不可撼动的信念力量。一个人，有了这种感觉，遇事就不会左右顾盼，畏首畏尾，才有可能让自己出类拔萃。

俗话说"众口铄金，积毁销骨"，能在无数人的质疑中肯定自我的人是超级自信的人，是具有大智慧的人，也是能走向成功的人。

面对工作中的种种问题时，我们需要的也是如此。为此，你不妨时常问问自己："我是怎么想的？""我这样做对吗？"关注自己内心的想法，不管别人肯不肯定，不管别人赞不赞同，不管别人认不认可，只要你相信自己的选择，就义无反顾地去做吧，相信你会看见成功就在不远处。

2

走一条少有人走的路

现在的世界因为互联网的普及,所有的信息都能快速地传播开来,频繁掀起热潮。这时候,很多所谓的趋势就形成了。一个比较普遍的现象是,大家都这么认为,我也就这么认为;大家都这么做,我也就跟着这么做。每天和其他人干一样的工作,吃一样的饭,喝一样的水,即便对现状不满,也从不改变,因为其他人也是这样生活。

在每个人的心灵深处,都隐藏着渴望被他人认同的愿望。然而,一个人要想在职场中拥有一席绝对的地位,就不能盲目地追随大流。因为人云亦云,只会束缚自己的思维,扼杀自身的锐气,抑制个性的发展,变得无主见和墨守成规。当一个员工提出一项比较新颖的建议时,老板不希望看到的是别的员工也和提建议的员工一样执行同样的事情,他更青睐于看到每个员工都有自己的想法。

沃伦·巴菲特是美国有史以来最伟大的投资家,他倡导的价值投资理论风靡世界,他还被美国人称为"除了父亲之外最值得尊敬的男人"。不过,鲜为人知的是,巴菲特也遭遇过失败,原因则是盲目从众。

沃伦·巴菲特的父亲是奥马哈城的一个小商贩，耳濡目染，巴菲特从小就很有经商头脑，11岁时他说服了自己的姐姐共同投资，购买了平生第一只股票——他以每股38美元的价格购买了城市服务公司的三只股票。但没有过多久，股价迅速跌到了27美元，姐姐每天都指责巴菲特，巴菲特不停地解释要等三四年才能挣钱。后来当股价回升至40美元时，巴菲特见很多人将手中的股票抛掉便也照做了，但很快股价一路飙升至200美元。这件事情令巴菲特心痛不已，他总结出的第一条投资经验：依照自己的意愿来实施投资策略，不要被人们的言论所左右。因为当你对某件事情非常坚信时，他人的建议只能让你感到困惑，过多地考虑别人的建议，无异于浪费时间。

在职业生涯里，巴菲特一直铭记第一条投资经验，任何时候都要保持必要的独立思考，保持冷静的头脑。所以，不管别人说得多么诱惑，他都能置若罔闻，不会盲目地跟随市场牛熊追涨杀跌。根据这种投资哲学进行投资，巴菲特在投资市场获益巨大，1957年他掌管的资金达到30万美元，到年末时很快升至50万美元，然后1962年为720万美元，1964年为2200万美元，1967年为6500万美元……

在巴菲特的成功过程中，我们可以看出他之所以能够获得实实在在的利益，取得最大程度上的成功，与他具备分辨是非和自我决断的能力，以及60年如一日地相信自己、坚守自己的主见分不开。试想，倘若巴菲特抛弃自己的价值判断原则，盲目跟随市场牛熊追涨杀跌，恐怕很难成为世界级投资大师。

当身边同事平步青云时，我们不要眼红；当身边同事向我们提出建议时，我们要认真分析；当同事离职跳槽时，我们更要认真分析……在大众都陷入盲目时，勇敢做出相反并正确的决定，最终把事情处理得更恰当、更妥善，做出更出色的业绩，这是匠心精神的重要特质之一。

在这一方面，比尔·盖茨曾说过这样一段话："你究竟想做一个英雄还是一个懦夫？你是个意志坚强的人，还是个心志柔弱的人呢？一个具有积极心态的人绝不是一个懦夫，他相信自己，他了解自己的能力，一点也不盲从，他所坚持的原则是，做自己，勇往直前。"相信，他也是秉承这一理念而成功的。

从中国人民大学毕业之后，刘强东在众人艳羡的目光中进入一家外资企业工作，拿着稳定的高薪。一次偶然的机会，他经过中关村见到一个清华的博士带着两个研究生，挤在小桌子周围一边摆弄软件，一边谈论未来，眼睛全都放着光。他一下子被击中，霎时间他知道，那个地方是他要去的，"我讨厌朝九晚六，讨厌一辈子不获得价值"，回去后他就要辞职。

1998年，刘强东拿着1.2万元积蓄赶赴中关村，租了一个小柜台，售卖刻录机和光碟。当时很多人都觉得刘强东"疯了"，质疑他堕落了，并劝说他应该像大多数的大学生一样，找一份光鲜亮丽的工作才对。但刘强东没有因别人的劝告而动摇，他坚持做一个饱受争议的创业者。再后来，刘强东创立了"京东"品牌，并开始在网络上买卖产品，对于这种商业模式，就连曾经的经销商、渠道商都不能理解，有人甚至跟他反目，不让他做代理了。那段时间，京东资金链断裂、高管离职、供应商反目等负面消息特别多，但刘强东坚持做自己的事情，而且他认为无须在乎质疑，只需要做好自己。

目前，京东商城已成为中国最大的自营式电商企业，而京东集团的业务也从电子商务扩展至金融、技术领域，拥有近12万名正式员工，跻身全球前十大互联网公司排行榜。

从众是盲目地跟从他人，并没有理性思考，现代社会是多元化的社会，试问：如果只盲目跟随而失掉自己的一技之长，那么在这个社会中你还能屹立多久？所以做真正的自己，敢于坚持自我，不从众，并且在众人的不解中仍能勇往直前，这样你才不会被"潮流"所淹没，才可能走得更远。

明白了这些，你就该相信，与其让他人左右自己的未来，倒不如遵从自己的内心，慢慢走出一条新的道路。

3

当你独一无二，世界会加倍奖赏你

互联网时代，是一个个性解放的世界。这是一个人人都可以表现自我的时代，每个人都渴望自己的价值能够得到最大程度的发挥，但是这需要一个前提，那就是做好自己。

然而，很多人却不懂得这个道理，他们亦步亦趋地效仿他人，希望自己长得像别人，吃得像别人，穿得像别人，住得像别人，甚至连言谈举止、说话腔调都要模仿别人，结果呢？即便一个人拥有别人无法企及的天赋，如果只是将这些天赋用在模仿别人上，最终也只能沦为追随他人的牺牲品。

达琳身材高挑，脸上带着可爱的婴儿肥，给人的感觉既美丽又亲切。因为出色的容貌和身材，她被一个好莱坞的资深经纪人相中，经纪人推荐她去参加一个大型的选美比赛，优厚的奖金使达琳动了心，她便跟着经纪人来到了好莱坞。比赛十分精彩，选手们来自美国各地，她们各有各的风采，但都非常漂亮。在激烈的竞争下，达琳通过了一轮又一轮的淘汰赛，与其他四名选手一起杀入决赛，竞争冠军的位置。为了让这些决赛选手能够休息一下调整自己的状态，大赛组织者给了选手们半个月的准备时间。

接下来，达琳开始积极准备决赛，她分析了几个决赛选手，并将一个叫艾琳的选手当作了她的潜在对手。艾琳具有天生的贵族气质，脸上没有一丝赘肉，五官清晰而精致，显得冷艳而神秘，她每次都能获得评委的好评。面对这样优秀的对手，达琳有点自卑，她那张肉乎乎的脸绝对没有一丝高贵和神秘可言，她决定要改变自己，在决赛之前让自己瘦下来，能够和艾琳一样。达琳开始疯狂减肥，每天只吃一点低热量的蔬菜和水果，完全没有主食，在短短的几天内瘦了十斤。可是由于严重营养不良，达琳脸上的双颊也瘦得凹陷下去，神色显得非常疲倦。

到决赛的那一天，当经纪人看到达琳的样子时立刻惊叫起来："你怎么变成这个样子了？"接下来，经纪人用无法掩饰的懊悔口吻说："本来你很有可能赢得冠军，但现在的样子看来几乎是没有希望了。那些佳丽们大都身材瘦削，颇具骨感美，婴儿肥正是你与众不同的风格，使你能够凸显出来。遗憾的是你没有看到自己的这一优点，反而去效仿他人，所以，你注定失败。"比赛结果果然不出所料。

当我们模仿别人的时候，也就否定了自己的价值。认识不到自己的价值，也不敢做真正的自己，这已经成为阻碍很多人成功的根源。难怪教育学家安古罗·派屈曾说过："世上最痛苦的事，莫过于想做其他人，或者除自己以外其他的东西了。"只有做回自己，做真正的自己，你的价值才不会被轻易否定。

每一个人都是这个世界上独一无二的存在，这个标签是我们与他人区分开来的标志。而且，当今社会需要的是各种各样的人才，我们每个人都需要做自己，做更好的自己。这并不是自以为是、故步自封，而是针对个人的特性，能够展现个人才华、独特价值的方式，也唯有如此才能无可取代。

年轻时，玛丽从密苏里州老家走出来，来到纽约这样的大都市，她当时的理想是做一名电台主持人。第一次上电台主持节目的时候，她尝试着模仿一位爱尔兰笑星。当时她的想法是，这位爱尔兰笑星很受欢迎，有很好的听众基础，如果自己能集他的优点于一身，这便是通往成功的捷径。所以，很长一段时间里，她都在观察并模仿这位爱尔兰笑星的一言一行。当时，玛丽·玛格丽还窃喜自己想出这么绝妙的主意，但却惨遭失败，因为她的滑稽显得很刻板。

后来，玛丽听到一位前辈说的话："大家都愿意做二流的拉娜·透纳、二流的克拉克·盖博，而这是最让观众们无法容忍的套路。"她很受启迪。接下来，玛丽决定表现出真正的自我——一位来自密苏里州乡下的纯真朴实的姑娘。她的性格直率单纯，语言生动活泼，不少听众一下子就喜欢上了她，最终她成为纽约最受欢迎的广播主持。再后来，当有人问及玛丽的成功秘诀时，她如是说："我不可能成为任何人，保持本色才是我最大的成就。"

无独有偶，美国著名喜剧大师查理·卓别林也是历经艰辛才明白这一道理。

刚刚进入演艺圈的时候，卓别林最开始的想法是模仿当时一位成名已久的喜剧大师的表演思路。尽管在一段时间里，他绞尽脑汁、煞费苦心地学习和模仿，但是自己却迟迟没有突破和作为。在整个戏剧圈里，卓别林的名字就像很多不知名的演员一样，湮没在庞大的从业人群中。后来，卓别林开始琢磨，能不能创造出属于自己的表演风格。于是，他给自己设置了这样一种鲜明的形象：肥裤子、破礼帽、小胡子、大头鞋，再加上一根从来都不舍得离手的拐杖，而且他的表演动作简洁明快、夸张生动。这种表演风格独特，又符合生活逻辑，让人百看不厌。观众很快就记住了他。

职场上，要想站住脚，升级快，就得拥有独一无二的特点与能力，令他人无法取代。

你就是你，你不可能成为别人，也没有必要。正如卡耐基告诫众人的幸福道理："发现你自己，你就是你，独一无二。记住，地球上没有和你一样的人……在这个世界上，你是一种独特的存在。你只能以自己的方式歌唱，只能以自己的方式绘画。你是你的经验、你的环境、你的遗传所造就的你。"

当你独一无二，世界会加倍赏你。

4

匠人不屈服于所谓的权威

在日常工作和生活中，我们经常遇到这样一种情景：当两个人为了某个问题争论不休时，如果一方添加一些权威成分，则很容易"驳"得对方哑口无言，使其赞同自己的观点。而且，太多的人心安理得地享受着生活带给我们的秩序和固有的方式，可见权威对人们的影响力之大，操纵力之巨。

遗憾的是，权威的东西也许是金子，曾经闪闪发光也不曾变黑，它们也许不过时，但随着社会的发展也会有些失色。如果我们习惯性地迷信权威，那么很可能变成墨守成规、循规蹈矩的人，在工作中束缚自己的心智，不能独立思考，不能明辨是非，如此只会给人留下平庸无能的坏印象。

一位名叫福尔顿的物理学家，由于研究工作的需要，测量出固体氦的热传导度。他运用的是新的测量方法，测出的结果比按传统理论计算的数字高出 500 倍，而这个数字是经过权威认证的。对于这个结果，福尔顿有些惊讶，因为这个差距太大了。但他也很茫然，因为那是权威，不容置疑。同时，他担心如果将这个结果公布，别人会嘲笑自己故意标新立异，所以他就没有声张。

没过多久，美国的一位年轻科学家，在实验过程中也测出了固体氦的热传导度，测出的结果同福尔顿测出的完全一样。但这位年轻科学家没有像福尔顿一样惧怕那些权威理论，他大胆地对外公布了自己的测量结果，很快在科学界引起了广泛关注。结果证明，之前传统理论的计算方法有误。福尔顿听说后以追悔莫及的心情写道："如果当时我不迷信那些权威的话，那个年轻人就绝不可能抢走我的荣誉。"

当质疑权威时，免不了有人会说不知天高地厚，有人害怕别人嘲笑自己的无知，出于患得患失的心理，便总是对权威附和，但所谓的权威就是真理吗？不可改变的吗？显然不是。人类发展到现在阶段，在几千年的历史中，太多谎言被揭穿，太多谬论被指正，所以，挑战权威是必要，也是必须。

只要你站在真理的一边，只要你确信你是正确的，那么就坚持它，是黑而决不说白，是鹿决不说是马，最终能为你证明的肯定是事实，而非权威。当然，这不是要你盲目地妄自尊大，它需要深厚的知识和经验积累作为其坚强后盾。当一个人的自我价值越高时，也就越有能力与权威抗衡。

我们通常都会认为，一杯冷水和一杯热水同时放入冰箱时，冷水会比热水结冰快，而且国际上许多国家的教授、专家都坚持这样的观点。然而，一名来自美国的小女孩却不这样认为。她想：在上述条件下，热水降温一定比冷水快，因而热水会先于冷水结冰。一次向权威的挑战由此而开始，为解决这个问题，几名专家被派往当地的科学家实验室，并且要与女孩一起见证热水先结冰。

女孩这一认识来自一次偶然，一次学校的一群学生想做一点冰冻食品降温，她在一杯热牛奶里加了糖后，放进冰箱里准备做冰淇淋。她想，如果等热牛奶凉后放入冰箱，那么别的同学的东西将会把冰箱占满，于是就抢先将热牛奶放进了冰箱。过了不久，她打开冰箱一看，令人惊奇的是自己的那杯加了糖的牛奶已经变成了一杯可口的冰淇淋，而其他同学用冷水做的冰淇淋还没有结冰，所以她得出结论热水会先于冷水结冰，但她的这一发现并没有引起老师和同学们的注意，相反成为了他们的笑料。

女孩不甘心，于是一次次地向众人陈述自己的经历。后来，当着这些科学家的面，她当场将一杯热牛奶和一杯凉牛奶放入冰箱。实验结果证明，女孩的叙述完全正确，这就确切地肯定了在低温环境中，基本等量的热水比冷水结冰快。原来，热水在降温过程中因蒸发而失去的水分比冷水多，所以初温高的水最终质量必然小于初温低的水，热水的降温速度也必然始终比冷水快。

  挑战权威是一种敢于提出质疑的勇气；
  挑战权威是一种敢于说出真相的态度；
  挑战权威是一种敢于坚持真理的精神。

这是一个艰难的过程，要忍受不被人理解的困扰，要经历残酷的身心考验，就像凤凰必须在烈焰中诞生一样，只有那些专注的、负责的，具有匠心精神的人才可以做到。

亚里士多德17岁起就跟随柏拉图学习，时间长达20年之久。在探究真理的道路上，亚里士多德表现出极大的勇气：他不畏权威、不畏传统，毫不掩饰自己在哲学思想的内容和方法上与老师存在严重的分歧，毫不留情地批评恩师的错误。这很自然地引来一些人的不满,他们指责亚里士多德是忘恩负义之徒,亚里士多德对此回敬了响彻历史长河的一句名言:"吾爱吾师,吾更爱真理。"

  在工作中,以无畏的勇气和理性的判断为指引,大胆地去质疑吧!受所学知识、当前经验等的限制,或许你一时不能做出一些能够改变社会的质疑的事情,但这并不表示你不能去质疑,你可以从质疑身边的事物开始,比如陈旧的观点、过时的知识。相信,你定能更快地接近真理,日趋优秀。

5

不必让人人都喜欢自己

在职场中，我们经常会遇到"老好人"，这些人总是面带微笑，总是奉命行事，习惯性地忙忙碌碌，领导或同事有要求，无论分内分外，都点头应承，尽力而为。乍看起来，"老好人"仿佛与每个人的关系都很好，应该很容易得到重用和升迁，事实上他们最终只能成为一个碌碌无为的人。

田苗是某公司的宣传员，她天生性格中庸。她最不愿意做的事，就是得罪人；最不会做的事，就是拒绝人。所以，在工作中，田苗对于同事提出的请求几乎没有拒绝过。"田苗帮我把文件发了""田苗帮我订一下午饭"……一时间，田苗成了人人得而"求"之的"老好人"、公司里最忙碌的人，也是工作效率最低的人。

今天，销售员V忽然满脸堆笑地朝着田苗走了过来，田苗暗自叫了一声命苦，同时在心里打定主意这次绝对要拒绝别人一次，不能再耽误自己的工作了。

"田苗，拜托你帮我查一下业内最新的产品资料，好吗？"销售员V问道。

开始的时候，田苗还是不敢抬起头拒绝，但当她最终鼓起勇气抬头迎向了 V 的目光时，V 却没等她说话就自己先下了结论："啊？你不反对也就是同意啦，真的吗？太感谢了！"

"嗯，不客气。"田苗再一次意识到了自己的失败。

就在田苗正忙着帮 V 同事查产品资料的时候，宣传部长忽然叫她上交宣传策划书，得知田苗还没有完成后，部长毫不留情面地说："上次的工作任务你就没有按时完成，这次怎么还是磨磨蹭蹭的，你就不能按时一次吗？我警告你，如果你再继续这样下去的话，我只好另请高人了。"

顿时，田苗羞愧得连头都抬不起来，恨不得挖一个地洞钻进去。

田苗的经历让我们领悟到，做有求必应的职场"老好人"虽然在道德上是被人赞赏的，我们每个人也的确会喜欢那些乐于助人、有亲和力的人，但苦劳不等于功劳，一个人人缘再好，忽略了本职工作，也是枉然。一个做不好自己工作的员工，在领导眼里就是无用者，是最容易被淘汰的。

表面上看，职场"老好人"为人老实，而深层原因却是缺乏主见，太在意领导和同事的评价，希望人人都喜欢自己。但当今社会是一个弱肉强食、优胜劣汰的竞争食物链，任何一个领导需要的都是高效工作的员工，所以将自己的大部分精力投入到本职工作中，做出成绩才是在职场立足的前提。

1986 年，哈佛大学要举行建校 350 周年大庆，学校商请当时的美国总统里根先生光临现场。里根是一位演员出身的总统，他一直因此介怀，于是借机提出要求：希望哈佛授予他名誉博士。然而，哈佛董事会开会研究后认为，总统固然地位尊贵，但里根并未搞过学术研究，不能授予他名誉博士之衔。最后里根负气没有出席哈佛校庆，但哈佛始终认为：你不来是你的自由，我得坚持我的原则。

面对美国总统，哈佛大学说出的绝不仅仅是一个"不"字，更体现出了一个世界名校那份独有的教育之道和教学尊严。

不必为了博得所有人的欢心而为难自己，勇敢亮出自己的观点和建议，本着个人的原则坦诚做事，将自己真正的价值展现给他人，为公司、为组织作出业绩或贡献，这与唯唯诺诺的"老好人"相比，能赢得更多人的尊重、领导的青睐和重用，这恰恰也正是成功者与平庸者的差别所在。

J小姐是一家杂志社的编辑，在许多人眼里，她是一个精明又强势的人，例如，碰见让自己不满意的事，她就会提出来；面对职场竞争时，她一定会为自己争取该得的一份。当然，这种强悍会在不经意间得罪人。

J小姐要求稿子质量一定要上乘，所以上交给她的稿件，一般都会被要求修改很多次。一次一个同事提交的稿件，先先后后修改了五六次，J小姐还是提出了很多意见，并要求该同事继续修改。这位同事受不了，当着J小姐的面说她是"拿着鸡毛当令箭"。J小姐没有为了避免冲突而敷衍了事，而是态度强硬地说，稿子必须重新修改。正因为如此，J小姐负责的稿件一直是杂志社里质量最好的。不过，经常有一些同事私底下嘟囔J小姐心高气傲，实在是不好搞定的主儿。

有一年，杂志社有一个主任提拔名额，主编一直在J小姐和左女士两个人选中犹豫，后来考虑到J小姐提交稿子的速度慢，不如左女士工作效率高，就将提拔名额暂定给了左女士。J小姐和左女士一起共事五年，是事业上的伙伴，生活中的朋友，但得知此消息后，J小姐当即找到了主编，严肃地指出："我一定会尽力尽早提交稿件，但是提交稿件的速度并不是关键，质量才是关键。"主编考虑到J小姐负责的稿件的确是杂志社里质量最好的，最终将提拔名额给了J小姐。

"你这样不好相处，就不怕得罪同事吗？"有人问。

J小姐微微一笑："我不愿意当一个违心的'老好人'，我努力将自己的工作做到最好，我只是靠实力去赢取众人的尊重和认可罢了。"

不可能人人都喜欢我们，我们是活给自己看的。慢慢从"以他人评价为标准"转向"自我肯定与赞许"的模式上吧，有主见，有底气，有姿态，在技能上不断积累和提升，打造属于自己的核心竞争力，越来越有力量掌握好自己的工作局面，那么你将向成熟和成功迈进一大步。

6

你想做圆石头，还是方石头

当我们在社会和生活中碰了壁、犯了错或对人生产生疑问的时候，总会有人语重心长地对我们说下面这些话："年轻人，你不圆滑，要吃亏的""多长几个心眼儿，怎么这么不会看脸色""防人之心不可无""是你去适应环境，不是环境来适应你"……说这些话的并不是坏人，说话的目的大多是为我们着想，希望我们少走弯路，他们甚至会语重心长地归纳自己的人生经验：哪个人最初没有棱角？但社会、现实、人情就如同流水一样，把你磨得圆滑，让你更加适应这个社会。这才是人生。

你认为这些话有道理吗？也许有。多数人都在按照这种道理收敛锋芒、改造个性、适应环境，谁也不想与周围格格不入，最终受到旁人的排挤，被挤到"圈子"外面，想要更好地融入一个团体，似乎只能去掉自己的棱角，尽量和周围人打成一片。但糟糕的是，一旦你接受了环境的潜移默化，你的思想就会跟他人一样变得界限不明、模棱两可。内心那种深刻的不认同感，又会折磨着我们。

费菲在一家贸易公司做项目销售，她非常擅长人际交往，能说会道，能言善辩，基本上见什么人说什么话。她酒量很好，没有人知道她到底能喝多少。在酒场上，当别人企图灌醉她，和她谈事情时，她从来不会拒绝，继续谈笑风生。但一看势头不对，就会装醉。第二天，别人问她什么，她都"不记得"了。项目中总会有许多细节问题，如果一一顾及，就会极大增加项目的工程量。费菲做事比别人灵活，懂得绕绕小路，走走后门，利用项目的容许差错范围取巧。这样的她，在传统企业做销售很吃香，业绩总是最好的，带团队，一些比她大十几岁的人也很认可她。

费菲觉得这样的自己很好，以为自己真的很厉害。可一遇到需要做出一些重要决策，或者进行项目分组的时候，大家却总是有意无意地排斥她。有一位同事一语道破其中原因：因为大家都对她有所提防。在进行一些团队合作时，大家都必须同心同德，谁都不愿意团队里有让人琢磨不透的存在。因为太圆滑的人，立场模糊，原则性也不强，一般也不会踏实做事情，变得老油条、和稀泥，很可能成为墙头草。如果是进行一些竞争性或者保密性极强的重要项目，那么对此类人有所提防更是在所难免。

在水里的鹅卵石，圆溜溜，没有任何棱角，没有攻击性，没有威慑力，它们可以铺在园林之中，成为精致的小道，也可以在人们手中把玩；而那些方正的岩石，经过适当的打磨，盖起了辉煌的宫殿，或雕琢成巍峨的雕塑。哪一种石头更好？没有定论。这就像仁者乐山智者乐水，山更好还是水更好？见仁见智。

但一个拥有匠心精神的人绝对不会把磨平自己的个性当作"磨炼"，为了适应环境而改变自己。因为他们方正的内心始终无法赞同圆通的做法，他们始终坚持自我，恪守本性，这样虽然可能会得罪一些人，受到周围人的侧目，但至少他们的内心是平静的、无愧的，认同自己的。

史杰是一个很有能力的女人，空降到某公司当行政主管。一开始她觉得大家都挺配合自己的工作的，但很快她就发现一个不幸的现象，副主管明着跟自己和和气气，背后居然联合所有下属和同事排挤她，例如明明是一个很好的管理制度，但大家却会举出种种困难，不积极配合。大家为什么这么听副主管的话呢？因为她处事很圆滑，有人迟到或无故旷工她睁一眼闭一眼，考勤表上依然全勤。让史杰更不能理解的是，领导竟然更喜欢擅长溜须拍马的副主管，重要的任务总是交到对方头上。

一位同公司的老校友见状劝史杰："人呢，有时候需要圆滑一点，如果你是上司，肯定也喜欢好沟通多办事的下属，你还不够老练。"

她的父母也在家里劝她："都这么大的人了，还是一副直脾气，这样怎么能有人缘呢？"

就连史杰的上司也对她"吐真言"，劝她凡事不要较真，大面上过得去就行了，大家都出来混碗饭，哪能事事认真，那还不累死？

史杰的男朋友更直接，干脆买了几本讲解人际关系的书籍，让她好好读读。

但史杰的原则性很强，坚持处理问题从不敷衍、不圆滑。有谁迟到或无故旷工了她就会一一标明，月底发薪时该扣的扣，该罚的罚，那些行为难免给人苛刻之感，一开始自然都遭到大家的排斥。但很快大家又发现，当员工遇到矛盾或难题时，史杰会积极主动地进行疏导，也会给大家提供一些实质性的建议和帮助，有时大家加班时,她还会请大家吃夜宵或唱歌……这样的结果是,大家的进步都非常快,薪水都有所提升了,工作积极性更高了,上司也对史杰刮目相看。

对此,史杰感慨地说:"干脆利落还正大光明,不圆滑,不曲意迎合,不摒弃初心,这就是我的个性。该做的事情一定要努力做好,当你强大到一定地步,你就不需要融入任何环境,迁就任何环境,也不需要通过小心翼翼的猜测和揣摩去把握别人的心思,来达到自己的目的。不管别人怎么看待你,你都能把事儿办成,那么环境自然就会主动融入你,大家也自然会尊重你、听从你。"

一块方石头变成圆石头不难,而一块圆石头想再回到方石头,除非伤筋动骨,刀劈斧凿,否则一辈子都只能做圆石头,再难以找回昔日的个性。

如果你是一块方石头,你为自己的原则自豪,你坚持自己的才能终将有用武之地,你相信自己是环境的征服者,而不是它的屈服者。当那些圆石头前来劝说你放弃棱角,对你谆谆告诫、循循善诱、软磨硬蹭、厉声恐吓时,你可以直接告诉他们:我和你们不一样!当然,也许你不是一块激烈的方石头,你也可以用温软礼貌的语气回绝:"谢谢你的忠告,但我有自己的想法。"

第九章 踔厉奋发勇于突破

匠人要有创新

"互联网"时代,"变"是永远不变的主题。
新匠人不是简单地回归传统,更不是因循守旧,
而是一种传承与创新的并存。
技术可以更艺术,审美可以更性感,
思考可以更大胆……
这种在工匠精神之下的创新,
才能真正体现对完美的追求,展现匠心之美,
才能真正地实现与时代共振。

1

一个优秀的匠人始终走在最前方

社会每天都在发展变化，职场上的竞争愈发激烈。一个人要想在激烈的竞争中不断提升自身价值，实现自己梦寐以求的理想，并获得别人无法企及的成功，是一件非常不容易的事情。而优秀匠人与普通员工的区别就在于，他们始终都与时俱进，走在时代的最前方，永远都比别人领先一步。

因为老跟在别人身后，踩着别人的脚印前进，没有发现的眼光，也就永远吃不到大蛋糕。

打个比方来说，当你看到前面有一棵苹果树的时候，别人也看到了，因为大家走在同一条路上。当你想要从树上摘下苹果的时候，又怎么保证别人不是这么想的呢？树上的苹果是有限的，而同行者却那么多，你到手的能有几个？如果你跟在别人后面的话，那就更没有好果子留下来了。

始终走在最前方，把目光投向未来，才能最终成为最大的受益者，这是一个员工从稚嫩走向成熟的关键。那些优秀匠人永远不会跟在别人后面转悠，他们总能认真地分析、研究整个市场走势，以审时度势的姿态，看到常人所看不到的隐藏的商机，另辟蹊径，并成为某一领域发展的引领者。

西泽是某市 A 晚报的主编，该市有 A 晚报、B 日报、C 时报、D 商报四种报纸，市场"面包"就那么大，四家报纸的竞争十分激烈。但令人惊讶的是，B 日报、C 时报、D 商报在版面上一扩再扩，赠送版一张又一张，价格能不涨就不涨，订报到达一定数额时赠送食用油、大米等，但销量都没有明显的提高，唯独 A 晚报的订报量多年来保持持续增长的状态，并引领着报界潮流。这一切源自西泽始终走在市场最前面，把创新作为参与市场竞争的重要突破口，以创新激发报纸的活力。

报业的激烈竞争使报纸内容同质化严重，独家内容难找。西泽认识到，一个好的媒体必然是以内容为先、内容为王，否则，就无法获得读者喜爱。为此，西泽率先策划了一些有意义、有意思的独家活动。"全民健步走""七月七相亲会""踏春摄影大赛"等，这些活动拉近了受众与报纸的距离，同时增强了广大市民的参与度，并形成一系列独家报道，实现报纸在内容上的创新。

再后来，随着互联网时代的到来，纸质媒体更是受到了强有力的冲击。为了保持自己的优势，在竞争中取胜，西泽认为报纸也要跟上当前的市场，他要让版面内容"活"起来。

于无声处起惊雷，A 晚报使报摊一改多年的沉默形象，一夜之内，将几百个喇叭发到每个路口的报摊上，播放人们熟知的《卖报歌》：卖报，卖报，新闻早知道！A 晚报，今日新闻真不少，生活离不了，交通、股市、时事我来报！A 晚报，A 晚报，老百姓的知心报……吸引上班族纷纷停车购买。就这样，A 晚报销量在四种报纸中突破重围，销量大增。

与此同时，A 晚报设置了网上客户端，这是一个集新闻资讯与生活服务为一体的智能手机应用。上线后，A晚报依托晚报的采编资源、线上线下资源，通过"全城扫码月""记者大赛"等一系列活动，在内容形式及传播时间等方面助报纸突破纸媒限制，实现报网融合；通过视频、音频、图集、文字等多种内容形态实行全天候直播功能，通过一部手机即可完成新闻事件的现场图文直播……仅仅一个月，A晚报客户端的下载量就突破了60万，客户数量遥遥领先于其他报纸。

在这个多变的环境中，始终都与时俱进，走在时代的最前方，这样世界才不会丢下你。

要做到这点，我们就得拿出第一个吃螃蟹的勇气。面对大家都陌生的事物，在没有人敢于一尝之前，你比别人先跨出一步，你就有可能占得先机。

1995年马云去了一趟美国，回来就要做一个叫"因特网"的东西，那时候中国人对"因特网"几乎是一无所知。面对外界的不理解，马云说过这样一句话："有时候，不被人看好是一种福气，正因为没人看好，这个领域才有值得发展的价值。"1999年阿里巴巴网络技术有限公司在杭州成立，那个年代大家会想到有B2B电子商务这种东西吗？会想到在家里就能逛商场、逛超市，动动手指就能买到想买的东西吗？估计绝大部分人都不会想到"网购"会改变我们的消费习惯。

随着消费者越来越习惯网购，各大电商之间的竞争也越来越激烈，所有商家都想要分割互联网购物这一巨大的蛋糕。而各大商家为了争夺这个蛋糕都使尽了浑身解数，比如加大促销力度、加快物流、先行赔付、货到付款等等。而淘宝、天猫率先于11月11日举办促销活动，其实这个时间点的选择是一个大胆的举动，也是一个冒险的举动，因为传统零售业"十一黄金周"刚刚落幕，之后的"圣诞促销季""元旦促销季"又将来临，这样的节点会取得很好的效果吗？不过阿里的管理层却拥有自己的独特想法：需求是可以发现的，也是可以创造的。虽然11月11日不是销售的旺季，但是年轻人戏称的"光棍节"，阿里的管理层认为可以有意识地制造一种通过集体购物来"宣泄"的环境。就这样，"双十一"变成了网络购物的狂欢节，创造了电商促销乃至销售历史上的一个传奇。

匠心精神一个很重要的表现就在于，我们没有陷入一种呆板、守旧的思维习惯，而是永远走在别人前方，积极地动脑子、抢创新，进而突破发展中的种种障碍，比其他人做得更好。扪心自问一下，面对一个新生事物，你的态度是怀疑，是犹豫，还是观望？你愿意去了解它吗？你敢于做新鲜事物的先锋者吗？

2

没有你做不到，只有你想不到

工作中，几乎每个员工都有着自己的一些常规思维模式，根据自己的体验得出的结论也好，从课本上学的或者别人的经验也罢，在一定程度上，常规的思维方式可以使我们在思考同类或相似问题时，省去许多摸索和试探的步骤，不走或少走弯路，但另一方面也容易使人思维僵硬，难以进行新的探索和尝试。

一家世界500强的公司要招聘一名高级女职员，一时应聘者如云。经过一番激烈的比拼，阿娟和阿慧二位女士脱颖而出，成为进入最后阶段的候选人。两个人都是名牌大学的高材生，又是各有千秋的美女，条件不相上下。她们都在小心翼翼地做着准备，力争使自己成为"笑到最后"的胜利者。

这天早上九点，阿娟和阿慧准时来到公司人事部。人事部长给她们每人发了一套白色制服和一个精致的黑色公文包，说："请你们换上公司的制服，带上公文包，十分钟后到总经理室参加面试。这是你们的最后一轮考试，考试的结果将直接决定你们的去留。我要提醒你们的是，你们所穿的制服上都有一小块黑色的污点，而总经理要求员工必须着装整洁，怎样对付那个小污点，就是你们的考题。"

听了人事部长的话，阿娟马上行动起来。她飞奔到洗手间，拧开水龙头，撩起自来水开始清洗那块污点。洗了一会儿污点是没有了，可前襟处被浸湿了一大片。她本想用烘干器对着那块浸湿处烘烤，但眼看十分钟马上过去了，阿娟只好穿着湿漉漉的制服赶紧往总经理室跑。阿娟正准备敲门进屋，门却开了，阿慧大步走出来。阿娟看见阿慧的白色制服上，那块污迹仍然醒目地"躺"在那里，这让阿娟的心里踏实了不少。

当阿娟自信地走进办公室时，总经理坐在办公桌后面，微笑地看着她，并问道："如果我没有看错的话，您的白色制服上有一块浸湿处，是清洗那块污渍所致吧？"

"是的，"阿娟点了点头，"我很努力地将那块污渍洗干净了，但还没来得及烘干。"

"好，"总经理接着说，"在这轮考试中，你输了，公司最终决定录取阿慧小姐。"

阿娟感到非常愕然："总经理先生，这不公平。我看见，阿慧小姐制服上的污点还在。"

"问题的关键是，从阿慧小姐走进我的办公室，那只黑色公文包就一直幽雅地放在她的前襟上，她没有让我看见那块污迹。"

事例中，阿慧小姐没有一味地清洗制服上的污迹，而是直接用黑色公文包遮住了污迹，真是巧妙。可见，一个人的成功并不决定于你的能力有多好，而在于变通，不墨守成规。这是一种很有意义的思维转变，不但能在工作中实现自己的价值，给公司带来效益，更能挖掘出自己的潜能，激发斗志和工作积极性，出色地完成自己的任务，让自己在职场中立于不败之地。

在日常工作中，我们经常会遇到意想不到的事情，给工作带来了诸多麻烦、困难，这时候一定要有打破常规的思考方式，找到解决问题最简单、最有效的方法。思想决定成败，头脑决定前途。在竞争异常激烈的互联网时代，有思想、有头脑的员工往往能想别人想不到的，把事情做到极致，是最有价值的。

想别人想不到的，这听起来似乎很难懂，不妨举例说明。

老高经营着一家微波炉厂，国内微波炉种类太多了，一段时间来他的生意都很惨淡。是否有改变的可能性？经过一段时间的思考，老高找来国内一个著名的画家，创作了一系列花草水墨画，然后把这些图案绘制在微波炉面板上，让微波炉体现出了高贵的艺术品位，迎合了很多高端消费者的心理需求，在市场的一众同类商品中脱颖而出，十分吸引眼球，从而使得产品大卖。

将古典的花草水墨画绘制在微波炉面板上，这就是打破常规思维的表现，这个方法你能想到吗？从这个事例中也可以看出，想别人想不到的，可以让看似难以逾越的问题迎刃而解，可以让看似难以完成的工作顺利进行。

有头脑的员工，在这个人才短缺的市场，始终供不应求。不要再拘泥于固有的观念，及时转换自己的思路吧。为此，你不妨试着培养你的发散思维，当面对一个问题时，让思考的方向任意向各处发散，就像车轮的辐条一样。适当的答案越多越好，而不是只找一个正确的答案，这样就可以使思维变得更丰富、更灵活，令创新力得到大大提高。例如，砖头有多少种用途？你能想起的答案有什么？造房子、砌院墙、铺路、钉钉子、当武器打人、磨刀、垫东西或压东西，或者做成一件艺术品……

也许，你的能力不是最优秀的，经验不是最丰富的，技术不是最熟练的，但当你开始尝试着思考这些问题时，你就已经摆脱了常规思维的"栅栏"，这对于自身思维的扩展所产生的价值是非凡的。即便你的想法最后没有被老板认可，但你对工作的主动性和责任感，也可以有效博得老板的好感。

3

灵感只是"唯手熟尔"的结果

何为灵感？即在没有预兆的情况下，你的大脑中偶然出现的念头或设想。这听起来没有什么，但事实是，有时一个灵感就是一个成功的机遇，能大大提高你做事的效率。

我们身边的例子不是很多吗？

她是一位单身妈妈，是一个连喝杯咖啡都要盘算的穷教师，生活穷困潦倒。早年她结识的一位朋友与一个十分富有的家族关系密切，这个显赫的家族每年夏季都要在自己家举办大派对。有一次，这位朋友带上她前去参加聚会。这是一个古老而神秘的城堡，她喜欢极了。突然一个想法产生了——写一个关于城堡的故事。故事该怎么写呢？她想来想去，却没有一个完整的思路。

直到一次，在曼彻斯特前往伦敦的火车旅途中，她看到了一个巫师打扮的小男孩。于是，她的主人公诞生了——一个11岁小男孩，瘦小的个子，黑色乱蓬蓬的头发，明亮的绿色眼睛，戴着圆形眼镜，前额上有一道细长、闪电状的伤疤……对，这就是风靡全球的"魔法师"哈利·波特。接下来她开始闭门谢客，一口气写了好几部故事，她就是英国著名作家J.K.罗琳。

J.K. 罗琳成功了，她在一夕之间从贫穷的单身妈妈，跻身为国际畅销书作家，这一切就源自她的灵感，写作灵感给了她创造力和想象力。

我们都很羡慕那些凭借灵感就能有所作为的人物，因为成功更快，但问题的关键是，灵感很美妙，同时也很吝啬，它很随机、很偶然且稍纵即逝。

灵感，又叫顿悟，它的出现常常是突然发生的，出其不意的，但这并不意味着灵感是心血来潮的产物。灵感是如何产生的呢？这是我们在解决问题的过程中，经过深入而艰苦的思考，我们的思维处于一种高度活跃的状态，由于偶然原因的刺激，才会点燃思维的火花，有一种踏破铁鞋无觅处，得来全不费工夫的感觉。这是围绕着问题，经过长期艰苦卓绝的劳动的一种结果。

工作中，你是不是那种灵感特别多，但又很难理清并且组织好它们的人？或者简单一点问，你是否有这样的经历，早晨一醒来冒出一个好点子，等你到了办公室，却怎么也想不起来这点子是什么了？怎么改变这一状况呢？最简单、最有效的方法就是随时将你的灵感记下来，定格一切有价值的信息。

为此，你可以随身携带一个笔记本和一支笔。一个新的念头或者设想出现时，无论大小，即便是只言片语，即便只是一个模糊的想法，只要有新意，就马上记录下来。

艾弗特·堤格雷弗是荷兰的一位著名设计师，在 20 年时间里，他先后在海瑞温斯顿、御木本与大卫·雅曼等著名品牌担任要职，在设计领域颇有影响力。说到自己的成功秘诀，艾弗特·堤格雷弗坦言道："无论任何时候，只要去旅行，有两样特别的东西我一定会随身携带。一个是护照，另一个是速写本。"艾弗特·堤格雷弗这样做就是为了记录下各式各样的灵感。

"要随时记录自己的新鲜想法，不管这种想法起初看起来多么微不足道，"艾弗特·堤格雷弗建议道，"因为基于这些想法想下去，我们总会发现很多有价值的东西，这是一个发散思维的过程，会有更多更科学、更完整的灵感出现。"一次周日做礼拜时，一所教堂建筑给予了艾弗特·堤格雷弗一种震撼感，他将这一感觉记录了下来。这种建筑为什么会给自己留下深刻印象呢？是哪里打动了自己？后来，他将这一教堂的独特外形和颜色运用到了珠宝设计中，结果大获成功。

无数事实证明，任何人的灵感都是"唯手熟尔"的结果。

我们的大脑一般是在无意识的状态下整理信息的，不断记录和整理大脑中的灵感知识，我们会发现大脑整理信息的过程就像酿酒一样。正如发酵的时间越长，就越能酿出美酒一样。一个点子在大脑中放置的时间长了，就能产生更巧妙的结合和更科学的构想，灵感也就会越来越多。

4

每日三省，向着完美进发

普罗米修斯创造了人，又在每个人脖子上挂了两只口袋，一只装别人的缺点，另一只装自己的。他把那只装别人缺点的口袋挂在胸前，另一只则挂在背后。这个故事说明，人们往往能够看见别人的缺点，而容易忽视自身的缺点。在工作中，这样的做法是不合理的，不利于自身的成长和提高。

曾子曰："吾日三省吾身：为人谋而不忠乎？与朋友交而不信乎？传不习乎？"古人尚且能这样，我们更应该如此。这是因为，有没有自我反省的能力、具不具备自我反省的精神，决定了我们能不能认识到自己的不足，能不能不断地学到新东西，这是一次检阅自己的机会，更是一次提升自己的机会。

每个人都有自己的优点和长处，也有各自的缺点和不足。我们要想在职场中不断进步，把工作职责之内的每一件工作都做好，就必须经常反省自己，纠正自己的缺点，弥补自己的不足，这样我们才能不断提高自己的各项能力，胜任不同岗位上的工作，并将每一份工作都尽善尽美地完成。

新平做过很多产品销售，如家电产品、房产、书籍等，但始终没能做出什么大名堂，业绩平平，一段时间是公司里平凡甚至有些庸碌的人。但后来在外人看来他像一位醍醐灌顶后的"得道高僧"一样突然抬升了一个新层次，业绩突飞猛进，一跃成为公司的"销售大王""金牌业务员""销售标兵"。当朋友问及其秘诀时，新平给出的回答是——"每天反省自己，然后改造自己"。

刚入销售这行时，新平的工作是推销各种防盗门窗。上班的第一天，老板就交给他一个很重要的任务，到一个有钱客户家里推销防盗门。当他敲开门正待讲明来意时，客户只扫了他几眼，二话没说便"砰"的一声关上门。当时新平感觉自己的脸都快烧起来了，回到公司后对这份工作也失去了信心，这时一位前辈说道："你的外在形象不过关，如果客户不接受你，纵使你有最好的东西，也是无济于事，反省一下自己吧。"这时，新平看到了镜子中自己邋遢的身影：满面胡茬，衣服脏兮兮的，一条裤腿还掖在袜子里。他这才恍然大悟，原来自己这么不得体，难怪客户不待见。

知道了自己的失败原因后，新平决定好好包装一下自己。第二天当他刮了胡子，穿着一身合体而精致的正装，神采奕奕地再次敲响客户的家门时，客户没有立即给他吃"闭门羹"，听他做完自我介绍后更是友好地请他进了屋。结果是，新平在客户家里待了一个多小时，喝掉了十几杯茶水，虽然他表现得有些紧张，但出人意料的是客户却当场在合同上签了字，买下了价值一万元的防盗门。

这件事情给了新平很大的触动，他明白了一个道理：要想成功先要毫无保留地彻底反省，然后努力改造自己。此后，新平每月会在家里举办一次"批评会"，目的是请家人、朋友、同事等指出自己的缺点，他甚至还花钱请征信所的人调查自己的缺点。"你的个性太急躁了，常常沉不住气""你有些自以为是，往往听不进别人的意见""你欠缺丰富的知识，必须加强进修"……新平把大家提出的宝贵意见都一一记下来，每天晚上八点进行反省。随着反省的定期进行，新平发觉自己就像一条蚕正在"蜕变"，每天都感觉自己像获得了新生一样，快速有效地提高了个人能力。

  新平的成功关键在于他有自省的能力和勇气，也就是能客观公正地审查自己，不留情面地剖析自己，他还热烈地欢迎别人批评自己。每一次自省都使他不断地打破自身局限，从思想到行动上重塑自己，他的个人魅力和工作能力均得到提高，一步步趋于完美。

  随着时代的发展，工作的变化，我们在工作中必然要面临更多需要解决的问题，消极地逃避，还是积极地自省，将在很大程度上影响一个人的前途和命运。

  为此，我们不妨时常全面而诚实地检视自己，经常问问自己，"我现在办事的效率是否太慢，需要做出哪方面的提高？""我现在为人处世的方式是否够机智、够成熟？""我的思维是否渐渐固化？是不是需要突破一些思维定势？""我现在的工作心态好吗？能否让自己获得成功？"……

  坚持这样做下去，像天天洗脸、天天扫地一样天天自省，找到自己的缺点或者不足，然后不断改正，相信你的整个人将实现越来越完美的蜕变。

5

匠人之路，永远不可能一劳永逸

世界在马不停蹄地向前发展，知识也在日夜不停地翻新着，如果身在职场中的你还在为自己已经掌握的技能、丰富的经验等沾沾自喜，那么你就危险了。因为职场是一条无情的生物链，优胜劣汰的自然法则在这里演绎得更加激烈，一个不小心，你就可能会成为生物链中被淘汰的对象。

某企业有一名年轻的博士，对工作非常负责任，也为公司创造了巨大的收益。老板对他非常赏识，第一年就把他提拔为项目组负责人，第二年又提拔他为部门经理，享受着优厚的薪水和福利待遇。然而，当上部门经理以后，他似乎就对现状满足了。他想，就这样一直拿着高薪，待到退休似乎也不错，便放松了对自己的要求。结果，他在部门经理的职位上干了将近一年的时间，却没有一点像样的成绩。

有人善意地提醒博士："应该上进一点，你看别人都在进步，小心被同事超越了。"

没想到，博士竟然说："我是公司里唯一的博士，别人再努力也赶不上我的。"

的确，博士的文凭是公司里最高的，但是公司更看重的还是实际能力。当别人都在进步的时候，只有他还在原地踏步，结果是公司里很多同事业绩都超过了他。终于有一天，博士接到了老板的降职通知。

永远没有一个老板会因为自己的员工知道的知识和技能太多而将他开除的，在公司待不下去的总是那些原地踏步又不思进取的人。不要因为能力出众就故步自封，不要以为功成名就就满足现状，"学如逆水行舟，不进则退"，这是一个凭实力说话的年代，能者上庸者下，今天的优秀员工不一定明天还是。

这并非耸人听闻，要知道，我们所赖以生存的知识、技能、经验等和车子、房子一样一直在不断地折旧，迟早有一天会跟不上时代的更新。目前，西方白领阶层流行这样一条知识折旧定律："如果一个人一年不学习，你所拥有的全部知识就会折旧80%。你今天不懂的东西，到明天早晨就过时了。现在有关这个世界的绝大多数观念，也许在不到两年时间里，将永远成为过去。"

事实确实如此，社会在不断发展进步，职场上的竞争激烈，一时的成功不是真正的成功，真正的成功是持续的成功。对于一个具有工匠精神的员工来说，他们清楚地知道在竞争激烈的职场中，自己前面还有更远的路要走，而目前的成功只是一个过程，是成功路上的一站，永远不可能一劳永逸。所以他们会在工作中不停学习，不断吸收新思想，练就新技能，在工作中超越自我。

大学毕业后，柳梅在一家外企做助理工作，虽然拿着最低的报酬，但她却整天黑白颠倒忙个不停，下班后还时常抽时间学习，不断充实自己……问及原因，柳梅说："我非常清楚，自己这么年轻，现有的知识只能应付现在的工作，但是要想有更高的提升，还需要加强学习，为未来做好'投资'，才能做更好的自己。"随着柳梅变得越来越优秀，她的职位不断提升，后来遇到了现在的老公。重点是，她的老公是低调的富二代。所以，她身上的标签是金光闪闪的"外企白领""富家太太"，在很多人眼里，这种女人一辈子锦衣玉食，只管享受就好了。但柳梅却不，她不仅把家庭打理得井井有条，还一直坚持兢兢业业地工作，而老公及公婆对她又爱又敬，无比珍惜。

有一年，柳梅一直在利用周末的时间努力学习英语，她在准备考雅思，这对于她当前的工作本身就有帮助，很快勤奋的她就能帮助经理处理一些复杂的英文文件。随着她英语水平的逐渐提高，经理也有意识地让她多去接触一些海外的客户，她的口语得到了迅速的提升，还掌握了一些销售技巧。但她觉得这还不够，于是又报名参加了一些销售方面的培训班。就这样，她凭着自己的能力很快就荣升销售部副经理，享受着比之前高三倍的年薪。再后来，她将父母接到了自己所在的城市，并依靠自己的收入给他们买了一套房。如今，柳梅通过自己的努力赢得了梦想的一切：把事业经营得蒸蒸日上，也把生活过得有滋有味。她依旧很努力，越来越优雅从容。

我们在工作中，每天都会遇到新情况、接受新挑战、面对新事物，只有天天学习，才能天天进步，能力才会不断提升，个人才能不断"增值"。明白了这个道理，你要想做一名价值型的员工，最好的办法便是把学习作为自己的责任之一,不断用新知识、新技能、新方法等来提升自己。

活到老,学到老。当你越来越强时,你就能"步步为营"。

◆ 6 ◆

任何时候都不要失去想象力

课堂上，老师提问："雪化了变成什么？"

"变成水！"大家异口同声。

一个小女孩回答："变成了美丽的春天！"

明明生活在同一个星球，面对相同的万事万物，不同的人脑海中呈现的效果却迥然不同。

为什么会这样呢？差距其实只在这三个字之间——想象力。

在这个靠脑力增添价值的时代里，员工的想象力是企业的最大财富。你有多大的想象力，你就会有多大的成就。因为知识是昨天的积累，而想象力则代表未来。什么是想象力？想象力是一种高级思维，是人在头脑中创造一个念头或思想画面的能力，这是一切希望和灵感的源泉，是工匠精神之下的重要创新。

我们总是很羡慕一些发明家、科学家，然而却没有想到谁也不是天生的发明家，很多新科技的发现往往并不是专业人士研究出来的，而是源于一些普通人的突发奇想。他们拥有比常人更丰富的想象力，总是能够从全新的角度去思考问题、追求突破、追求新意，从而不断创新、创造奇迹。

> 美国的莱特兄弟是一对充满想象力的孩子,一次两人在大树底下玩,抬头一看,只见一轮明月挂在树梢。于是,两人就产生了爬到树上摘月亮的奇思妙想。结果,他们不但没有摘到月亮,反而把衣服刮破了。后来,两个人看见空中的大鸟,又产生了神奇的想象,人能不能插上一对"翅膀"呢?如果我们人类也能像鸟一样在天空中飞翔就好了,那样我们就能去天空中摘月亮了……
>
> 随着年龄的增长,莱特兄弟逐渐将这种想象转变为一种探索未知世界的好奇心。他们废寝忘食,如饥似渴地阅读着航空基本知识。1903年,他们根据风筝和鸟的飞行原理,成功地制造出人类历史上第一架飞机。这架命名为"飞行者一号"的飞机虽然在空中只飞行了12秒,距离只有37米,可它却第一次将人类载入天空,使人类终于给自己插上了"翅膀",莱特兄弟也因此被载入史册。

随着互联网的飞速发展,我们真的很难想象,今后的职场会是一个怎样的世界。但可以肯定的是,那些原本仅靠知识和逻辑工作的人,会逐渐被电脑所替代;那些仅靠机械重复而不需要创造力的行业和岗位,会越来越贬值。唯有那些不能被轻易替代的、唯有人能做出来的工作,才有出路。

因为一切计算和逻辑都能被电脑代替,唯有创意不能。

创意从何而来,其实就是最简单却最容易被我们忽视的——想象力。

互联网时代,每天循规蹈矩地上班,那只能挣到养家糊口的钱，是成不了什么大气候的。而想象力则可以开动你的大脑，转变你的思路，再加上积极行动，你就可以打造人生奇迹，实现人生价值。

美国的自由女神像曾因年久失修，进行了一次重塑。当时，纽约市政府财政紧张，所能提供的费用有限，据估算这笔钱连女神像翻修后产生的200吨左右的垃圾废料的运输费都不够。因此，一般的公司都望而却步，正在主管部门一筹莫展之时，一个名叫斯塔克的人出现了，他让政府付给他一笔低于一般劳务费的价格后揽下了这份苦差事。大家都以为斯塔克一定会血本无归，然而奇迹出现了，这项工程结束后，斯塔克不但没有像大家想的那样赔本赚吆喝，反而发了一笔大财，奥妙何在？

原来，这个聪明的人深知自由女神像在美国人心目中的地位，他对重建女神像产生的垃圾进行了分类处理，例如将那些废铜重铸成小自由女神像；将那些废铅改成了精致的纪念币；水泥碎块整理做成各种各样小石碑，然后用外表精美、小巧玲珑的包装盒包装成小礼品，并注明是用原自由女神像上的材料制成的。这样一来，垃圾就变成了具有纪念意义的宝贝，很快便被人们抢购一空。

自由女神—垃圾—具有纪念意义—各种纪念品—销售，是丰富的想象力使斯塔克产生了创新思维，最终变废为宝，创造性地解决了问题。

那么，如何开启我们的想象力呢？就是要问自己一个开放性的问题："如果……将会发生什么？"如果一条鲨鱼游进度假的海滩并吞食了一名游客，将会发生什么？这是电影《大白鲨》。如果一个孩子遗落在森林里被老虎追杀，将会发生什么？这是电影《梦幻森林》。如果一艘号称"永不沉没"的大邮轮在初次启航时撞击冰山沉没了，将会发生什么？这是电影《泰坦尼克号》……

想象力就是这样神奇，你将进入一个无所不能的世界，进而取得核心竞争力。

7

不想被革命，就得革自己的命

世界是残酷的，竞争是激烈的，现实是客观存在的。对于这些外在的条件，我们有时真的很难改变。如果固守自己的原则，不能适度地进行改变，那么即便自己再强大，也难免会落后，不得不面临被淘汰的厄运、消亡的结局。

例如，高尔斯华绥笔下《品质》中的老鞋匠格斯拉先生虽然拥有全城最好的制鞋手艺，但他却不愿改变自己，致使无法跟上机器化的时代，坚持手工制好每双鞋，最终饿死在自己的鞋铺中，真是令人唏嘘不已。

在互联网时代，迅猛的变化、爆炸的资讯、时间和空间的巨大变革……变化已经是这个时代唯一不变的特征。面对不尽如人意的环境，种种难以解决的问题，我们若不想被革命，就得革自己的命。适时地改变自己，随时应对世界的巨变，更好地和社会融合在一起，才能在职场上走得更久远。

革自己的命，顾名思义就是说将自己的某些习惯、心态、行动、思想等做出变更，精神上朝气蓬勃、身体上健康有力、能力上有所提高，从而在工作的每个环节、每件事情上都能够尽力施展自己的力量。生命的意义也正在于改变，人只有在不断的变化中才能得到提升。稍微改变一下自己，一生的命运就会不同。

> 白灵原本是一个生性羞涩、以夫为贵、只想过安稳日子的小女人，也很少出入各种商界聚会。然而生活是现实的，丈夫的工作并不顺利，这个家庭很快就陷入捉襟见肘、寅吃卯粮的赤贫状态，这让白灵决定改变自己的人生。所谓"知识改变命运"，30岁的白灵重新返回校园，先后拿到了政治、历史学士学位。她掌握的知识不断增长，内在的修养气度也得到了极大提升，说话干脆，做事利索，很有职业女性范儿。一次偶然的机会，白灵进入了所在地市的电视台，做起了一名初级广告销售代表。
>
> 这份工作与白灵的专业并不吻合，但她没有退缩，她知道在竞争如此惨烈的情况下，自己要想生存下去必须做出改变。在以后的日子里，白灵努力用营销理论来武装自己，并且硬着头皮每天去拜访不同的客户，她改变自己的内向性格，热情洋溢、积极主动地面对顾客。渐渐地，白灵成了众人眼中能说会道、舌灿莲花的人，甚至曾被一名客户经理称为"疯女人"。当然，她的改变使她收获颇丰，业绩蒸蒸日上。

白灵的精彩经历告诉我们：这个世界不存在什么天生强大的人，只要你由衷地想要成为全新的自己，并为之做出主动积极的改变，你就可以不断地挖掘自身潜能。它可以使你在工作中大展宏图，进而增加收入；也可以使你找到通往成功的新行业，收获远远超出期望。

革旧观念的命，树立新观念；革旧习惯的命，培养新习惯；革旧性格的命，培养新性格……革自己的命不是伤害自己，而是为了发掘自身潜力和价值，让自己更好地面对这个复杂多变的世界。如果你想成为企业的骨干，想成为社会的精英，不被别人淘汰，那就必须舍得革自己的命。

对常人来说，哪怕是改变一个既定思维也是困难的，何况是从行为到思维的全面改造。所以，革别人的命容易，革自己的命却很难，这犹如用刀子割自己的肉，没有一种破釜沉舟的决心是很难做到的。但毋庸置疑的是，未来商业竞争的胜利将属于那些敢于做出令自己感到非常痛苦的决定的人。

用自己的决心和勇气，去完成一次华丽转变吧。